기초 금형기술

이성철 · 강학의 · 송 건

공저

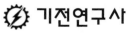 기전연구사

머리말

　금형은 제품의 생산을 위하여 금속으로 제작한 틀을 총칭하는 용어로, 금형기술은 산업의 근간을 이루는 핵심 생산기반기술이다. 금형산업은 자동차와 가전산업과 관련하여 비약적인 성장을 해왔으며, 우리나라가 자동차 강국, IT분야의 선진국으로 발돋움할 수 있었던 것도 충분한 금형기술이 뒷받침을 하고 있기 때문이다.

　이 책은 금형을 처음으로 공부하는 사람을 대상으로 금형의 기초 기술을 쉽게 이해하고 습득할 수 있도록 하는데 중점을 두었다. 프레스 금형과 사출성형 금형 이외에도 다이캐스팅, 단조, 주조 및 분말야금에 사용되는 금형도 소개하였으며, 여러 가지 금형의 종류와 금형의 기본 설계, 금형의 기본 작동 및 금형을 활용한 가공법을 설명하였다. 또한 금형제작에 사용되고 있는 재료의 종류, 특징 및 열처리에 대해서도 기술하였으며, 금형의 가공에 사용되고 있는 각종 기계가공과 특수 가공법도 다루었다. 그리고 금형에 대한 실무사례와 품질확보를 위해 금형의 보수, 관리 및 표준화에 대해서도 살펴보았다.

　금형은 외국을 통해서 기술이 도입되는 과정에서 여러 가지 기술용어들이 무분별하게 사용되고 있는데, 이 책에서 용어는 KS B4920의 금형용어와 대한기계학회의 기계용어집에 의거해서 작성하여 처음 금형을 배우는 사람들이 올바른 용어를 익힐 수 있도록 하였다.

　이 책이 독자들에게 금형이 어떤 것인지 쉽게 이해하고, 금형에 대한 기본 기술을 습득하는데 조금이나마 도움이 되었으면 한다.

저　자

차 례

제 3 장   금형재료 / 125

제 4 장 금형제작 / 193

제 5 장 금형실무와 관리 / 253

1

금형작업

금형작업

1 금형 개요

1.1 금형의 종류

우리 생활에 필수품인 휴대폰, 컴퓨터 등의 IT제품, 냉장고, TV, 세탁기 등의 가전제품 그리고 캔, 페트병 등의 각종 생활용품 및 기계공업의 결정체라 일컬어지는 자동차 등을 제작하는데 있어서, 가장 근본적인 기계기술은 금형기술이다. 금형은 동일한 규격과 균일한 품질의 제품을 대량으로 생산하기 위하여 금속을 사용하여 만든 모체가 되는 틀을 말한다.

우리가 사용하는 금형이라는 용어는 일본에서는 금형(金型) 또는 형(型)이라 하고 중국과 대만에서는 모구(模具), 미국과 유럽에서는 다이(die), 몰드(mold) 또는 특수공구(special tooling)라고 한다.

금형은 표 1.1에 분류한 바와 같이 다이와 몰드로 구분한다. 다이는 금속판재에 전단이나 굽힘을 가하거나 또는 금속괴에 압축을 가하여 제품을 제작하는데 사용하는 금형을 지칭한다. 다이에 의한 가공은 여러 개의 공정을 거치는 경우가 많이 있는데, 프레스 가공에서는 10공정 이상의 가공공정을 필요로 하는 경우도 종종 볼 수 있다.

한편, 몰드는 단일 공정에서 가공을 완성하는 특징을 갖고 있다. 대표적인 몰드의 예로는 다이캐스팅이나 플라스틱 사출성형에 사용되는 금형이 해당된다.

표 1.1 금형의 종류

금 형	다 이	프레스 금형(박판 가공용) 단조(열간, 냉간, 온간) 판금기계용 금형(절단, 굽힘 등등) 전용기용 금형(판재가공용, 각종 전용기용) 금속 이외의 시트재 가공 금형(종이, 가죽 등)
	몰 드	플라스틱 사출성형 플라스틱 압축성형 다이캐스팅 유리성형 고무성형 분말야금 금속 사출성형

금형은 사용용도에 따라서 프레스 금형, 플라스틱 금형, 주·단조 금형, 다이캐스팅 금형 등으로 분류하기도 한다.

금형산업과 연관된 주요 산업분야는 표 1.2와 같다. 금형을 직접 사용하는 전방산업에는 전기, 전자, 자동차, 생활용품 등 공산품을 제조하는 대부분의 산업이 해당되며, 금형제작을 위하여 필요로 하는 산업 즉, 후방산업에는 공작기계 등의 기계설비, 공구, 금형부품 및 소재 산업, 가공, 열처리, 표면처리, 설계, 엔지니어링 산업 등이 있다. 금형에는 재료 및 기계기술이 집약되어 있으며, 금형은 산업 전반에 걸쳐 큰 파급효과를 미치고 있다.

표 1.2 금형산업과 연관산업의 관계

구 분	연관산업	관련 분야
전방산업	전기전자산업	가전제품, 전기용품, 반도체부품 등
	기계산업	자동차, 우주항공, 공작기계, 측정기기 등
	광학정밀산업	의료기기, 광학기기 등
	생활용품산업	완구, 문구, 주방기기, 신발, 스포츠용품 등
	건축자재산업	PVC파이프, 알루미늄 샤시 등 토건자재
후방산업	금형소재 및 금형부품	금형강, 공구강 등 소재산업 다이세트, 몰드베이스 및 금형부품
	공작기계 공구산업	선반, 밀링 등 공작기계, 공구
	열처리 표면처리산업	담금질, 풀림, 침탄 등
	설계 엔지니어링산업	CAD 등 제품설계, CAE 해석, 디자인 등
	산업디자인산업	프로토타입, 목형, 플라스틱형 등

출처 : 한국금형공업협동조합

1.2 금형의 필요성

우리나라의 금형산업은 제조업의 발전에 따라 성장해 왔다. 1960년대에는 수입해서 사용하던 외국산 금형을 모방하여 단순한 금형을 설계 제작하기 시작했다.

1970년대에는 정밀가공 공작기계가 도입되어 프레스 금형과 플라스틱 금형 등이 생산되기 시작하였으며, 1980년대에 들어서 방전가공기, NC기계 등 특수 가공기계가 사용되면서 금형의 종류도 반도체금형, 전자 및 전기용품 금형, 기계류 부품용 금형 등으로 다양화되었다.

1980년대 후반부터 정부의 금형산업 육성시책으로 국내 금형산업은 양적, 질적으로 성장하게 되었으며, 1990년대 금형 전문업체에 CNC기계와 CAD/CAM 시스템이 널리 사용되면서 금형설계 및 제작기술이 비약적으로 발전하게 되었다. 최근에는 자동차용 대형 금형, 휴대폰 금형, 마이크로 금형 등 정밀을 요하는 금형제작으로 고부가가치를 창출하고 있다.

금형산업은 특징은 다음과 같이 정리된다.

① 고정밀도 및 숙련도가 요구되는 복합 엔지니어링 산업

② 특정제품의 대량생산을 가능하게 하는 필수 산업

③ 수요업체의 요구에 따라 제작되는 수주생산 방식

④ 전문화 및 분업화가 조화를 이루는 중소기업형 산업

⑤ 전·후방산업의 발전을 견인

제품 제작에 금형을 사용함으로써 얻을 수 있는 장점은 다음과 같다.

① 제품의 생산시간이 단축된다.

② 생산제품, 부품의 치수 정밀도가 높다.

③ 제품의 외관이 깨끗하고 미려하다.

④ 두께가 얇은 제품의 생산이 가능하고 무게도 줄일 수 있다.

⑤ 제품을 만들기 위한 재료가 절약된다.

⑥ 제품의 품질을 균일화, 표준화시킬 수 있다.

⑦ 제품에 따라 조립, 용접 등 2차 가공을 생략할 수 있다.

⑧ 제품 표면이 깨끗하여 도금, 페인팅 등을 생략할 수 있다.

⑨ 신제품의 개발 또는 모델의 변경이 쉽다.

2 전단가공

2.1 전단 과정

전단가공은 판재에 전단력을 가하여 성형하는 가공으로 판재를 다이(die) 위에 놓고 펀치(punch)로 타격하여 형상을 가공한다. 판재가 절단되는 과정을 살펴보면 그림 1.1 에 나타낸 것과 같은 단계를 거치게 된다.

① 소성변형 단계 : 재료의 변형이 커져 탄성변형 한계를 넘어서며 그림 1.1(b)에서와
   같이 소성변형이 생기게 된다.
② 전단 단계 : 펀치가 계속 하강함에 따라 재료 내부로 침투(penetration)되며, 전단
   에 의해 판재의 절단이 시작된다.
③ 파단 단계 : 펀치가 판재 두께의 15～60% 정도 진입하면 펀치와 다이의 절단 모서
   리부에서 시작된 파단부가 진전되어 서로 만나면서 파단이 완성된다.

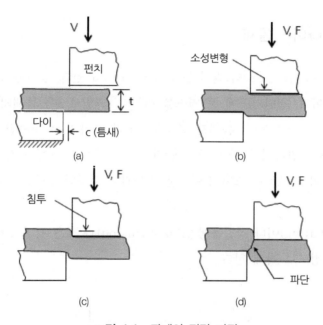

그림 1.1 판재의 전단 과정

　전단가공한 단면의 형상은 그림 1.2와 같다. 전단부 입구에는 처짐이 생기는데 이는
재료의 전단이 시작되기 전에 펀치에 의해 재료가 소성변형 되면서 생긴 것이다. 처짐
밑에는 전단면 또는 버니시(burnish)라고 부르는 평탄한 면이 나타나는데, 이는 펀치가
재료 내부로 침투하면서 전단이 생기고 또, 재료가 펀치나 다이의 날과 접촉하면서 매끈
하게 형성된 것이다. 펀치가 계속 진행하면 균열이 진전되어 거친 표면의 파단면이 만들
어진다. 전단부 끝에서는 재료가 늘어지면서 분리되어 버(burr)가 남게 된다.

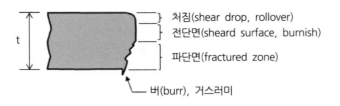

처짐(shear drop, rollover)

전단면(sheard surface, burnish)

파단면(fractured zone)

버(burr), 거스러미

그림 1.2 전단가공면의 형상

2.2 펀치와 다이의 틈새

펀치와 다이에는 그림 1.1(a)와 같이 틈새(clearance)가 있다. 틈새는 판재 두께의 4~8% 정도의 크기이며, 전단가공에 큰 영향을 미친다. 그림 1.3은 틈새의 크기가 적절하지 않을 때 나타나는 현상이다. 틈새가 그림 1.3(a)와 같이 너무 작으면 판재 상부와 하부의 파단선이 서로 만나지 않아 이중 전단면이 생기고 전단력이 커지게 된다. 틈새가 그림 1.3(b)와 같이 지나치게 크면 전단력은 작아지나 제품의 뒤틀림이 커지고 버(burr)가 크게 생긴다.

한편, 셰이빙(shaving)이나 정밀블랭킹(fine blanking)과 같은 정밀 전단에서의 틈새는 판재두께의 1% 정도로 작게 한다.

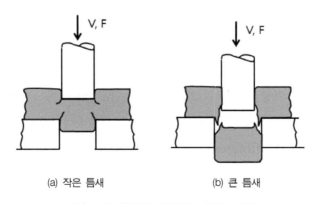

(a) 작은 틈새   (b) 큰 틈새

그림 1.3 틈새가 전단에 미치는 영향

틈새는 판재의 재료 종류와 두께에 따라서 결정된다.

$$c = at \tag{1.1}$$

여기서 c는 틈새, t는 판재의 두께이며, a는 재료에 따른 계수로 다음과 같다.
- 알루미늄합금(1100S, 5052S)   a = 0.045
- 알루미늄합금(2024ST, 6061ST), 황동,
  냉간압연강(연질), 스테인리스강(연질)   a = 0.060
- 냉간압연강, 스테인리스강   a = 0.075

전단부는 그림 1.4와 같이 형성되는데, 판재 부분은 펀치의 크기로 형상 치수가 가공되며, 판재에서 타발(打拔)된 부분은 다이의 치수로 가공된다.

판재에서 타발된 부분을 제품으로 할 때의 가공을 블랭킹(blanking)이라 하고 타발된 부분을 블랭크(blank)라고 한다. 판재에서 필요 없는 부분을 따내 제거하는 가공을 펀칭 (punching) 또는 피어싱(pearcing)이라고 한다. 그리고 필요 없이 남는 폐기 부분을 스크랩(scrap)이라고 한다.

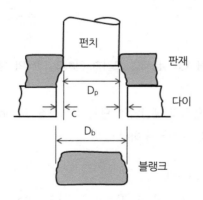

그림 1.4 전단부의 형상

판재에서 제품의 외형을 따내는 그림 1.5(a)와 같은 블랭킹에서는 다이의 치수를 제품의 치수로 하고 펀치를 틈새의 크기만큼 작게 만들어 준다. 제품의 치수가 D일 경우 펀치와 다이의 치수는 다음과 같다.

- 펀치 $D_p = D - 2c$
- 다이 $D_b = D$

판재에서 필요 없는 부분을 따내 버리는 그림 1.5(b)의 펀칭이나 피어싱에서는 펀치를
치수대로 제작하고 틈새를 고려해서 다이를 크게 해준다.

- 펀치 $D_p = D$
- 다이 $D_b = D + 2c$

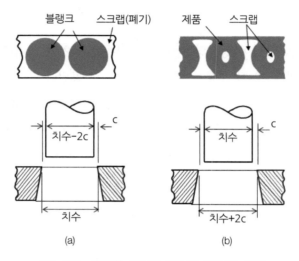

그림 1.5 틈새를 고려한 펀치와 다이의 설계

예제 두께 1.5mm인 연질의 냉간압연 판재에서 직경 30mm의 원판을 블랭킹한다. 틈새
및 펀치와 다이의 직경을 구하라.

|풀이 틈새 $c = 0.06t = 0.09$
펀치의 직경 $D_p = D - 2c = 30 - 2(0.09) = 29.82$
다이의 직경 $D_b = D = 30$

예제 두께 1mm의 스테인리스 판재에 직경 10mm의 구멍을 뚫는다. 틈새 및 펀치와 다이
의 직경을 구하라.

|풀이| 　틈새 $c = 0.075t = 0.075$

펀치의 직경 $D_p = D = 10$

다이의 직경 $D_b = D + 2c = 10.15$

2.3 전단력

전단가공에 필요한 전단력을 예측하는 것은 가공에 필요한 프레스의 용량을 결정하는
데 있어서 중요하다. 전단력은 다음과 같이 구해진다.

$$F = Lt\sigma_S \tag{1.2}$$

F　: 전단력 [kgf]

L　: 전단길이 [mm]

t　: 판재의 두께 [mm]

σ_s : 전단강도 [kgf/mm^2]

각종 재료의 전단강도는 표 1.3과 같다. 재료의 전단강도에 대한 데이터가 없을 때에
는 인장강도의 0.7배 정도를 전단강도로 추정하여 계산하면 된다.

표 1.3 각종 재료의 전단강도

재　료	전단강도 [kgf/mm^2]	재　료	전단강도 [kgf/mm^2]
연강	32~40	황동(경질)	35~40
경강	55~90	황동(연질)	22~30
규소강	45~56	알루미늄(경질)	13~18
스테인리스강	52~56	알루미늄(연질)	7~11
구리(경질)	25~30	알루미늄합금(경질)	38
구리(연질)	18~22	알루미늄합금(연질)	22
인청동	50	납	2~3

예제 판두께 t=1.6mm의 연강판(전단강도 40kgf/mm²)에서 직경 D=10mm의 구멍을 펀칭하는데 필요한 전단력을 구하라.

|풀이| 전단길이 $L = \pi D = 31.416$

전단력 $F = (31.416)(1.6)(40) = 2{,}010.6 \, \mathrm{kgf} = 2.01 \, \mathrm{ton}$

2.4 전단각

펀치나 다이의 날을 경사지게 해주면 전단부에서 동시에 가공되는 단면적이 작아져서 전단력은 감소하게 된다. 날의 경사진 정도를 전단각(shear angle)이라 하는데, 전단력이 프레스 용량의 50%가 넘는 경우에는 전단각에 대한 검토가 필요하다. 전단각에 의한 효과는 그림 1.6에 나타낸 바와 같이 최대 전단력을 크게 감소시킨다. 그러나 접촉 스트로크는 증가하게 되어 전단에 사용되는 에너지 소비는 변함이 없다.

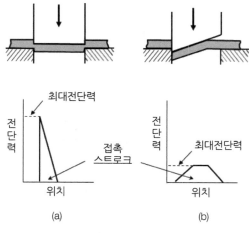

그림 1.6 날의 전단각과 전단력

전단각을 주는 방법은 그림 1.7과 같다. 그림 1.7(a)와 (b)에서 같이 펀치에 전단각이 있는 것은 전단가공 후에 판재 측은 평평하게 하고 따내진 부분이 날 선단과 같은 모양이 되게 한다. 그림 1.7(c)와 같이 다이에 전단각이 있는 것은 따내진 부분이 평평하고 판재 측이 변형된다. 따라서 블랭킹에서는 다이에 전단각을 주고 펀칭에서는 펀치에 전단각을 준다.

전단각의 크기 s는 판재 두께의 1~2배 정도이지만 연속 펀칭을 하는 경우에는 판재의 변형을 억제하기 위하여 판재 두께의 1/3~1/2 정도로 한다. 그리고 그림 1.7(a)와 같이 전단각이 한 쪽으로만 10~12° 이상이 되면 추력이 커져 판재가 미끄러질 수 있으므로 그림 1.7(b)나 (c)와 같이 양방향으로 전단각을 만들어준다.

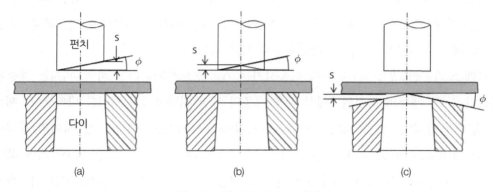

그림 1.7 펀치와 다이의 전단각

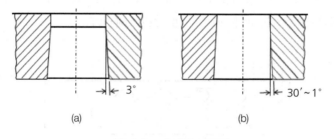

그림 1.8 다이의 여유각

전단되어 다이 내로 진입한 블랭크는 다이의 벽에 고착하려고 한다. 블랭크가 다이 내에 고착되면 마찰이 커지고 전단력의 증가를 초래한다. 따라서 그림 1.8과 같이 다이에 여유각을 주어 판재에서 전단된 부분은 다이에서 쉽게 빠져나올 수 있도록 한다. 그림 1.8(a)는 3~5mm의 평행부를 남기고 약 3°의 여유각으로 다이를 설계한 것으로 얇은 판의 경우에 적합하며, 다이를 재연삭해도 평행부가 남아 있어 치수 변화가 없다. 그림 1.8(b)는 다이의 날 끝 부분에서 바로 30′~1°의 여유각으로 다이를 설계한 것이다. 다이의 형상이 원형이며 여유각이 1°인 경우, 다이를 5mm 연삭하면 다이의 직경 증가량은 0.2mm 정도로 매우 작기 때문에 재연삭해서 다이를 그대로 사용할 수 있다.

2.5 재료 이용률

띠강이나 코일을 이송시키면서 동일한 형상의 제품을 대량으로 전단가공할 때 스크랩 발생을 적게 하고 재료 이용률을 높이기 위해서 제품 배열의 최적화가 필요하다. 그림 1.9는 재료 이용률을 높이기 위한 제품의 배열 예이다.

프레스 가공한 행정마다 판재를 이송시키는 거리를 이송거리라고 하며, 피치는 제품의 배열간격 즉, 제품의 특정위치에서 다음 제품의 해당 위치까지의 거리를 나타낸다. 제품의 끝단과 판재의 측면까지의 거리를 측면잔폭(side bridge), 제품 형상 사이의 간격을 이송잔폭(feed bridge)이라고 한다. 그림 1.9에서 b_s는 측면잔폭, b_f는 이송잔폭에 해당한다. 잔폭은 제품의 길이, 전단조건, 판재의 재질, 두께에 따라 결정하며, 재료 이용률을 높이기 위하여 가능한 한 작은 값을 선택하는 것이 좋다. 그러나 너무 작으면 제품의 정밀도와 전단면이 나빠진다. 금속판재의 경우 이송잔폭은 일반적으로 판재두께의 1.2~1.4배, 측면잔폭은 이송잔폭보다 20% 정도 크게 해준다.

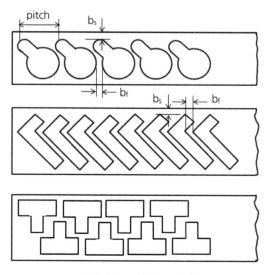

그림 1.9 제품의 배열

재료의 이용률 $\eta[\%]$는 무게나 면적으로부터 다음과 같이 구해진다.

$$\eta = \frac{W_2}{W_1} \times 100\% \qquad (1.3)$$

    W_1 : 판재의 무게 [kgf]

    W_2 : 제품의 무게 [kgf]

$$\eta = \frac{Z \cdot A}{L \cdot B} \times 100\% \qquad (1.4)$$

    A   : 제품의 면적 [mm^2]

    Z   : 제품의 수량

    B   : 판재의 폭 [mm]

    L   : 판재의 길이

$$\eta = \frac{A}{B \cdot P} \times 100\% \qquad (1.5)$$

    A   : 제품의 면적 [mm^2]

    B   : 판재의 폭 [mm]

    P   : 이송피치 [mm]

예제 두께 2mm인 판재에서 직경 30mm인 원판을 단열로 블랭킹한다. 이송잔폭이 2.4 mm, 측면잔폭이 2.5mm일 때 재료 이용률을 구하라.

|풀이|

제품의 면적 $A = \pi D^2/4 = \pi(30)^2/4 = 706.8\,\mathrm{mm}^2$

판재의 폭 $B = 30 + 2(2.5) = 35\,\mathrm{mm}$

이송피치 $P = 30 + 2.4 = 32.4\,\mathrm{mm}$

재료 이용률 $\eta = \dfrac{A}{BP} \times 100\% = \dfrac{706.8}{(35)(32.4)} \times 100\% = 62.3\%$

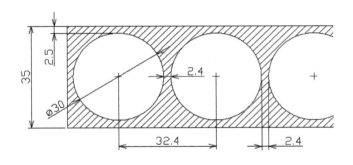

그림 1.10 단열 판뜨기

예제 두께 2mm인 판재에서 직경 30mm인 원판을 2열로 블랭킹한다. 이송잔폭이 2.4 mm, 측면잔폭이 2.5mm일 때 재료 이용률을 구하라.

|풀이| 열간 거리 $a = 32.4 \times \sin 60° = 28.06$

제품의 면적 $A = \pi D^2 / 4 = \pi(30)^2 / 4 = 706.8\,\mathrm{mm}^2$

판재의 폭 $B = 28.06 + 30 + 2(2.5) = 63\,\mathrm{mm}$

이송피치 $P = 30 + 2.4 = 32.4\,\mathrm{mm}$

재료 이용률 $\eta = \dfrac{AR}{BP} \times 100\% = \dfrac{(706.8)(2)}{(63)(32.4)} \times 100\% = 69.3\%$

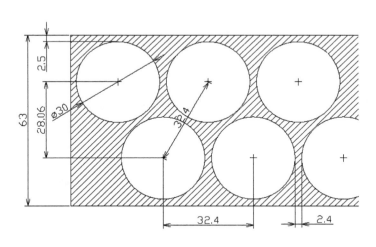

그림 1.11 다열 판뜨기

그림 1.12은 형상이 다른 두 제품을 동시에 블랭킹하는 조합 판뜨기에서 제품을 배열

한 예이다. 단열 판뜨기에 비해 다열 판뜨기나 조합 판뜨기는 재료 이용률을 높일 수 있지만 금형의 설계가 복잡해지고 금형 제작이나 보수가 어려워지기 때문에 이를 충분히 검토해서 제품을 배열해야 한다.

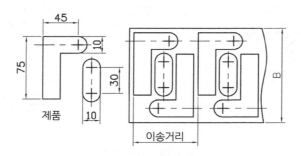

그림 1.12 조합 판뜨기

---

3 굽힘가공

3.1 굽힘부 형상

판재에 굽힘을 가하면 굽힘부의 바깥쪽 부분은 인장을 받고 안쪽 부분은 압축을 받는다. 재료에 발생하는 인장이나 압축은 표면에서 가장 크고 중심부로 갈수록 작아진다. 중간 부분에는 연신이나 수축이 없는 면이 있는데, 이를 중립면이라고 한다. 굽힘부의 형상은 그림 1.13(a)에 나타낸 바와 같이 굽힘각과 굽힘반경에 의해 결정되는데, 굽힘각은 판재가 굽혀진 각도이고 굽힘반경은 굽힘 중심축에서 굽힘부 안쪽까지의 반경이다.

탄성한계를 넘어 판재에 계속 굽힘을 가해주면 인장을 받는 외측 부분이 먼저 항복응력에 도달하여 응력 증가가 둔화되기 때문에 중립축이 가운데에서 굽힘부 안쪽으로 이동하여 판재 두께의 0.35~0.5t 정도의 위치에 형성된다. 굽힘부 바깥쪽인 인장부는 길이 방향으로 신장되기 때문에 두께가 감소되는데 가운데가 모서리 부분보다 얇아져서 그림 1.13(b)와 같은 형상이 된다.

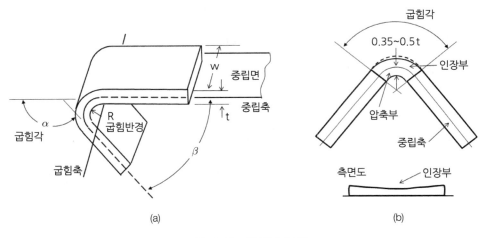

그림 1.13 굽힘부 형상

압연한 판재를 굽힘 가공하는 경우에는 그림 1.14(a)와 같이 압연 방향이 굽힘부의 길이 방향이 되도록 해야 한다. 압연한 판재는 압연 방향으로 재료의 조직이 형성되기 때문에 그림 1.14(b)와 같이 압연 방향에 평행하게 굽힘부가 형성되면 길이 방향으로 가공한 굽힘부보다 균열이 생길 가능성이 높다.

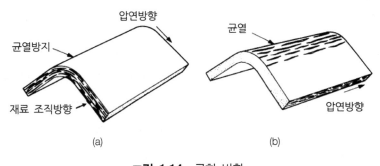

그림 1.14 굽힘 방향

3.2 최소굽힘반경

굽힘반경이 작아지면 굽힘부 표면에서 변형률이 커져 굽힘부 바깥쪽에서 균열이 발생되기 시작하는데, 재료의 파손없이 굽힐 수 있는 한계를 최소굽힘반경이라고 한다. 판재의 최소굽힘반경은 재질, 두께, 가공방법 등에 따라 달라진다. 단단해서 연신율이 작은 재료일수록 최소굽힘반경이 크다. 또 판두께에 따라서 최소 굽힘반경은 선형적으로 커진다. 표 1.4는 각종 판재의 최소굽힘반경을 두께비로 나타낸 것이다.

표 1.4 각종 재료의 최소굽힘반경

재 료	상 태	최소굽힘반경/두께
극연강	압연	0.5 이하
반경강	압연	1.0~1.5
스테인리스강	연질	0.5
스테인리스강	반경질	0.5~1.5
황동	연질	0.5 이하
베릴륨 청동	연질	0.5 이하
베릴륨 청동	경질	2.0~5.0
알루미늄합금	연질	1 이하
알루미늄합금	경질	2~3
마그네슘합금	연질	4~5
마그네슘합금	경질	6~9

굽힘가공에서 고려해야 할 사항을 정리하면 다음과 같다.

① 재질 : 신장특성이 우수한 재료일수록 최소굽힘반경이 작다.

② 경도 : 풀림한 재료는 굽힘반경을 작게 할 수 있다.

③ 방향성 : 굽힘선이 압연방향에 직각일 때 굽힘반경을 작게 할 수 있다.

④ 가공법 : 단 굽힘보다 V굽힘시 굽힘반경을 약간 작게 할 수 있다.

⑤ 굽힘 폭

   • 굽힘 폭이 길 때 : 폭의 중앙부로부터 균열 발생

   • 굽힘 폭이 짧을 때 : 외곽의 단 부분이 균열

⑥ 절단면 형상

   • 버를 외측으로 하면 균열이 발생하기 쉽다.

   • 블랭크의 굽히는 곳의 단면을 부드럽게 다듬질한다.

⑦ 두꺼운 판 : 굽힘 부분을 사전에 1/3~1/2 정도 홈을 내고 굽힘한다.

3.3 스프링백

굽힘가공 시 재료에 내재한 탄성특성으로 인하여 하중을 제거하면 원래의 방향으로 약간 되돌아가는 현상이 나타나는데, 이를 스프링백(springback)이라고 한다. 그림 1.15에서 실선은 굽힘가공 직후의 형상이고 점선은 하중 제거 후 판재의 최종 굽힘 형상을 나타낸 것으로, 스프링백이 발생하여 굽힘각은 작아지고 굽힘반경은 커진 것을 보여준다.

굽힘 시 R/t가 크면 스프링백이 커지고 탄성계수가 작은 재료, 항복강도가 큰 재료가 스프링백이 크다. 강재의 경우 스프링백은 1/2°～5° 정도이며, 인청동은 10°～15° 정도의 스프링백이 나타난다.

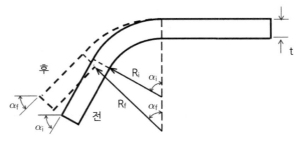

그림 1.15 스프링백

스프링백에 대한 대비책으로는 다음과 같은 방법들이 사용되고 있다.

① 스프링백을 고려하여 과도하게 굽혀준다. [그림 1.16(a), (b)]

② 굽힘부에 큰 압축응력을 가해준다. [그림 1.16(c), (d)]

③ 신장굽힘(stretch bending)을 하여 굽힘부가 인장만 받게 한다.

④ 고온에서 굽힘가공을 한다.

이 중에서 ①과 ②가 스프링백에 대한 보정과 방지 방법으로 많이 사용되고 있으며, ①을 오버벤딩(overbending), ②를 보터밍(bottoming)이라고 한다.

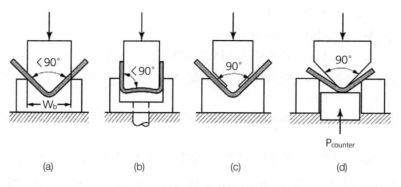

그림 1.16 스프링백을 고려한 굽힘

3.4 굽힘력

굽힘가공에 필요한 굽힘력은 판재의 두께, 다이의 형상, 굽힘 가공방법 등에 따라서 결정된다. 그림 1.17은 대표적은 굽힘 가공방법을 나타낸 것이며, 굽힘력은 다음과 같이 계산된다.

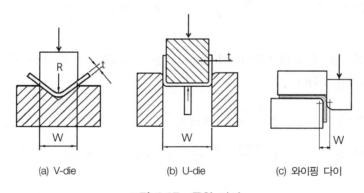

그림 1.17 굽힘 다이

$$F_b = K \frac{B t^2 \sigma_{\max}}{W} \tag{1.6}$$

F_b : 굽힘력 [kgf]

B　 : 판재의 폭 [mm]

t　 : 판재의 두께 [mm]

σ_{max} : 인장강도 $[\text{kgf/mm}^2]$

W   : 다이오프닝 $[\text{mm}]$

K   : 1.33 ; V-다이, 다이오프닝 8t

1.20 ; V-다이, 다이오프닝 16t

0.67 ; U다이

0.33 ; 와이핑 다이

V-다이의 경우 그림 1.17(a)에 나타낸 바와 같이 다이의 입구 폭을 다이오프닝(die opening)이라고 한다. 와이핑 다이(wiping die)는 그림 1.17(c)에 나타낸 바와 같이 판재를 90°로 굽히는데 사용되며, 다이오프닝은 펀치의 모서리 라운드 중심과 다이의 라운드 중심 사이의 거리이다.

예제 두께 t=2mm, 폭 B=1,000m의 강판(인장강도 52kgf/mm²)을 V-다이에서 90° 굽힘 가공한다. 다이오프닝이 8t일 때 굽힘력을 구하라.

|풀이 다이오프닝 $W = 8 \times 2 = 16\,\text{mm}$

굽힘력 $F_b = 1.33 \dfrac{1,000 \times 2^2 \times 52}{16} = 17,290\,\text{kgf} = 17.3\,\text{ton}$

예제 위의 강판을 와이핑 다이에서 굽힘가공한다. 다이의 모서리 라운드가 3mm일 때 굽힘력을 구하라.

|풀이 다이오프닝 $W = 2 + 3 + 3 = 8\,\text{mm}$

굽힘력 $F_b = 0.33 \dfrac{1,000 \times 2^2 \times 52}{8} = 8,580\,\text{kgf} = 8.6\,\text{ton}$

3.5 판재의 전개길이

굽힘가공에서 제품을 원하는 모양과 치수로 굽히는데 필요한 판재의 길이를 전개길이라고 한다. 전개길이는 굽힘부분의 중립축 길이가 굽힘가공 전의 전개길이와 같다는 조건에서 구할 수 있다.

중립축의 위치는 판두께에 대해서 굽힘반경이 클 때는 판의 중앙에 있으나, 굽힘반경이 작아지면 중립축은 굽힘부 안쪽으로 이동한다. 굽힘부의 중립축 원호길이를 굽힘여유(bend allowance)라고 하며, 다음과 같이 계산된다.

$$L_b = \alpha(R + Kt)$$ (1.7)

L_b　: 굽힘여유
α　: 굽힘각
R　: 굽힘반경
K　: 중립축 위치에 대한 계수
　　　$K = 0.33$; $R < 2t$
　　　$K = 0.50$; $R \geq 2t$
t　: 판재의 두께

그림 1.18은 판재의 굽힘을 나타낸 것으로 판재의 전개길이는 굽힘부의 중립축 길이인 굽힘여유에 판재의 직선부 길이를 더하면 구해진다. 판재의 굽힘형상 치수 표시 방법에 따라서는 직선부와 굽힘부가 명확하게 표시되지 않는 경우도 있는데 전개길이를 계산할 때에는 직선부와 굽힘부를 구분하여 각각의 길이를 계산해서 더하면 된다.

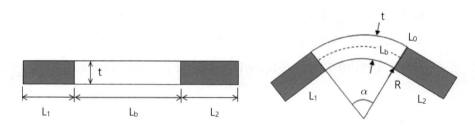

그림 1.18 판재의 전개길이

다음의 형상을 굽힘가공하기 위한 판재의 전개길이를 구하라.

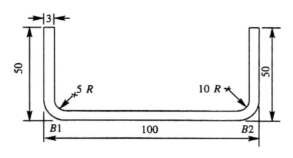

그림 1.19 판재의 전개길이 계산

|풀이| 5R 굽힘부의 굽힘여유 (K=0.33 ; R < 2t)

$$L_{b1} = \frac{\pi}{2}(5 + 0.33 \times 3) = 9.41\,mm$$

10R 굽힘부의 굽힘여유 (K=0.5 ; R > 2t)

$$L_{b2} = \frac{\pi}{2}(10 + 0.5 \times 3) = 18.06\,mm$$

좌측 직선부의 길이 $L_1 = 50 - (3 + 5) = 42$

하부 직선부의 길이 $L_2 = 100 - (3 + 5) - (3 + 10) = 79$

우측 직선부의 길이 $L_3 = 50 - (3 + 10) = 37$

판재의 전개길이 $L = L_1 + L_{b1} + L_2 + L_{b2} + L_3 = 185.471 mm$

4 드로잉 가공

4.1 드로잉 과정

드로잉(drawing)이란 프레스에서 평판을 원통형, 각통형 또는 반구형 등의 이음매가 없는 용기로 가공하는 작업이다. 그림 1.20은 드로잉 과정을 나타낸 것이다. 블랭크 홀더(blank holder)로 블랭크를 누르고 펀치를 이송하면 펀치와 다이의 모서리 부분에서 재료에 굽힘이 생기고 소재가 다이 내로 진입한다. 다이 내로 진입한 재료는 펀치가 이송됨에 따라 신장되고 두께가 얇아지게 된다. 펀치와 다이 사이의 틈새는 블랭크 두께보다 10% 정도 크게 하여 마찰을 저감시킨다. 한편, 홀더와 다이 사이에 있는 재료는 반경이 감소함에 따라 압축을 받게 되고 두께가 두꺼워진다. 펀치와 다이의 모서리 부분은 라운드 형상으로 재료의 굽힘저항을 감소시키고 파단을 방지하도록 한다.

드로잉시 용기의 높이가 직경의 1/2보다 작은 경우에는 블랭크 홀더 없이 작업이 가능하나, 용기가 깊어지면 블랭크의 외주부가 안쪽으로 이동할 때 직경의 감소에 따른 영향으로 나타나는 주름(wrinkling)을 블랭크 홀더로 눌러주어 생기지 않게 해야 한다. 용기의 직경대비 높이가 큰 경우의 드로잉 가공을 딥드로잉(deep drawing)이라고 한다.

평판에서 딥드로잉할 때 외주부의 두께가 40%나 증가하는 경우도 있다. 펀치의 선단 즉, 용기의 하단 부분은 반대로 판두께가 줄어 10~20% 정도 얇아진다. 따라서 작업이 불량하면 용기의 하단부에서 균열이 생기기도 한다.

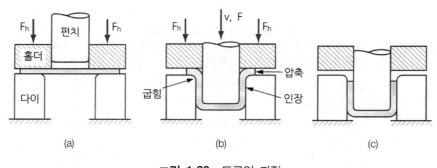

그림 1.20 드로잉 과정

4.2 드로잉 가공한계

드로잉에서 변형의 정도를 나타내는 척도로 펀치의 직경 d를 블랭크의 직경 D로 나눈 드로잉률을 사용한다.

$$m = \frac{d}{D} \tag{1.8}$$

한 번의 드로잉으로 가공을 완성하는 것이 좋으나 용기가 너무 깊거나 블랭크의 직경에 비해 용기의 직경이 너무 작을 때 블랭크가 파단된다. 이러한 경우에는 몇 번 반복해서 드로잉 가공을 해야 한다. 이때 드로잉률은 각 공정마다 직경을 정하는 기준이 된다. 3회 공정의 드로잉 가공을 할 때, 각 공정에서의 드로잉률을 m_1, m_2, m_3라 하면, 공정에 따른 제품의 직경은 다음과 같이 구해진다.

$$d_1 = m_1 D \ - \ 제1 \ 드로잉 \ 공정$$
$$d_2 = m_2 d_1 \ - \ 제2 \ 드로잉 \ 공정$$
$$d_3 = m_3 d_2 \ - \ 제3 \ 드로잉 \ 공정 \tag{1.9}$$

드로잉률이 클수록 가공이 용이하고 드로잉률이 너무 작으면 용기의 밑부분에서 파단이 발생하게 된다. 드로잉 가공의 한계를 나타내는 드로잉률을 한계 드로잉률이라고 한다. 각종 재료의 드로잉률은 표 1.5와 같다.

표 1.5 각종 재료의 드로잉률

재 료	드로잉률	재드로잉률
드로잉용 강판	0.55~0.60	0.75~0.80
디프드로잉용 강판	0.48~0.55	0.75~0.80
스테인리스강	0.50~0.55	0.80~0.85
구리	0.53~0.60	0.70~
황동(63%)	0.50~0.55	0.75~0.80
알루미늄	0.53~0.60	0.75~0.85
두랄루민	0.55~0.60	0.85~0.90
아연판	0.65~	0.85~
니켈판	0.50~	0.75~
몰리브덴	0.70~	0.82~

드로잉률은 제품의 치수나 가공 조건에 큰 영향을 받는다. 특히, 펀치 직경과 블랭크 두께와의 비가 커질수록 한계 드로잉률은 커진다. 블랭크에서 드로잉한 용기를 다시 작은 직경의 펀치로 드로잉하는 재드로잉 가공에서는 드로잉률이 조금 더 커지게 된다.

드로잉률 대신 이와 역수인 드로잉비(drawing ratio)를 사용하여 드로잉의 정도를 나타내기도 한다. 드로잉비는 클수록 가공조건이 가혹해지며, DR = 2가 근사적인 한계값이다.

$$DR = \frac{D}{d} \tag{1.10}$$

그리고 블랭크 직경의 감소 정도를 나타내는 감소율(reduction)과 블랭크 두께를 직경으로 나눈 (두께/직경)비도 드로잉 가공을 해석하는데 사용된다.

$$r = (\frac{D-d}{D}) \times 100\% \tag{1.11}$$

$$(두께/직경)비 = (\frac{t}{D}) \times 100\% \tag{1.12}$$

감소율 r은 50%보다 작아야 하며, 블랭크의 두께는 직경의 1% 이상은 되어야 한다. 블랭크 두께가 직경의 1% 이하가 되면 주름 발생 가능성이 커진다.

드로잉률 또는 드로잉비, 감소비, t/D비가 한계값을 벗어나면 한 번의 드로잉으로 가공이 불가능하고 몇 번의 반복 작업을 해야 하며, 경우에 따라서는 공정사이에 풀림처리를 하여야 한다. 표 1.6은 용기의 직경대비 높이에 따른 드로잉 횟수와 각 공정에서의 감소율을 나타낸 것이다.

표 1.6 드로잉 공정수에 따른 감소율

용기의 높이/직경	드로잉 횟수	감소율 r = (D-d) / D×100%			
		1회	2회	3회	4회
~0.75	1	40	-	-	-
0.75~1.50	2	40	25	-	-
1.50~3.00	3	40	25	15	-
3.00~4.50	4	40	25	15	10

예제 직경 D=138mm, 두께 t=2.4mm인 블랭크에서 내경 d=75mm, 높이 h=50mm의 원통형 컵을 드로잉한다. 가공의 가능성을 평가하라.

|풀이|

드로잉률	$m = 75/138 = 0.54$
드로잉비	$DR = 138/75 = 1.84$
감소율	$r = (138 - 75)/138 = 0.4565 = 45.65\%$
두께/직경 비	$t/D = 2.4/138 = 0.017 = 1.7\%$

드로잉비 2 이하(드로잉률 0.5 이상), 감소율 50% 이하, t/D비 1% 이상, 따라서 한 번의 드로잉으로 가공이 가능하다.

4.3 드로잉 금형요소

드로잉 펀치와 다이는 그림 1.21에 나타낸 바와 같이 모서리 부분이 라운드 형상으로 되어 있다. 펀치의 코너 라운드 크기는 일반적으로 블랭크 두께의 4~10배 정도로 한다. 코너 반경이 너무 작으면 드로잉한 용기의 하부가 너무 얇아지거나 찢어질 우려가 있다. 펀치의 코너 반경은 드로잉한 용기의 내부 모서리 반경이 되므로 가능하면 용기의 내부 모서리 반경 치수로 펀치의 코너 반경을 설계하는 것이 좋다. 여러 번 드로잉하는 경우에는 처음 드로잉할 때 펀치의 코너 반경을 크게 하고 이후 드로잉에서는 코너 반경을 감소시켜 최종 드로잉 공정에서 용기의 모서리 반경 치수와 같게 해주면 된다. 용기의 모서리 반경 치수가 블랭크 두께의 4배보다 작을 때에는 블랭크 두께의 4배의 코너 반경을 갖는 펀치로 드로잉하여 가공을 완료한 후 재 타격을 가하여 모서리 반경 치수를 맞추어 주면 된다.

다이 모서리의 라운드는 용기의 형상에 큰 영향을 미치지는 않으며, 가능한 한 크게 해주는 것이 좋다. 다이의 모서리 반경이 커지면 재료의 흐름이 좋아지나 지나치게 큰 경우에는 블랭크 홀더에서 재료가 적당하게 눌려지지 못하고 너무 빨리 빠져나와 에지 부분에 주름이 생기게 된다. 반대로 다이의 모서리 반경이 너무 작으면 다이 내로 진입한 부분의 두께가 얇아져서 용기의 벽면이 찢어질 우려가 있다. 블랭크 홀더를 사용하는 경우, 다이의 모서리 반경은 블랭크 두께의 6~8배 정도이며, 블랭크 홀더가 없는 경우에는 블랭크 두께의 4배가 일반적인 설계기준으로 사용된다.

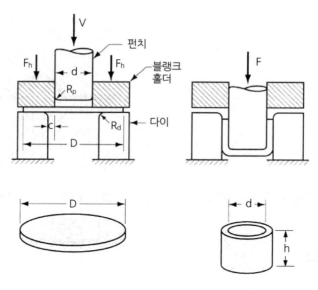

그림 1.21 드로잉 가공

드로잉시 재료의 반경반향으로 인장응력, 원주방향으로 압축응력이 생기기 때문에 주름이 발생하며, 이를 방지하기 위해 블랭크 홀더를 사용한다. 판두께가 두꺼운 경우 또는 높이가 낮은 드로잉의 경우에는 블랭크 홀더를 사용하지 않고 가공하기도 한다. 블랭크 홀더의 가압력은 대략 $0.1\sim0.2kgf/mm^2$ 정도인데, 너무 약하면 용기의 윗부분에 주름이 생기고 반대로 너무 강하면 용기의 밑부분을 파손하게 된다.

원통형 용기의 드로잉에서는 재료가 각 방향에서 균일하게 다이에 유입되지만, 용기의 형상이 원통이 아닌 이형(異形) 드로잉에서는 재료가 균일하게 유입되지 않고 유동하기 쉬운 곳으로 많이 유입되며, 과다하게 유입된 재료는 늘어붙어서 주름을 형성하게 된다. 이와 같은 경우 재료의 과다한 유입을 억제하기 위해서 그림 1.22에 나타낸 것과 같은 비드(bead)를 설치한다. 비드의 단면 형상은 여러 가지가 있는데, 그림 1.23의 형상이 가장 많이 사용되고 있다. 비드를 설치하는 위치는 재료가 다이 내로 유입되기 쉬운 직선부나 굽힘률이 큰 곡선부이다. 재료의 유동에 큰 저항을 주려고 할 때에는 비드를 이중으로 설치하기도 한다.

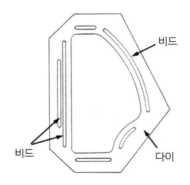

그림 1.22 이형 드로잉의 비드 배치

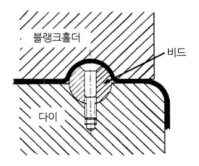

그림 1.23 비드의 단면형상

4.4 드로잉력

드로잉에 필요한 힘은 용기의 제원, 형상, 재료의 종류, 금형요소의 설계 등에 따라 달라지나 다음의 식에 의하여 대략적으로 계산할 수 있다.

$$F = \pi dt \sigma_{max}(\frac{D}{d} - C) \tag{1.13}$$

F   : 드로잉력 [kgf]

t   : 블랭크의 두께 [mm]

D   : 블랭크의 직경 [mm]

d   : 펀치의 직경 [mm]

σ_{max} : 인장강도 [kgf/mm^2]

C   : 0.7 − 마찰에 대한 보정인자

드로잉력은 펀치의 위치에 따라 달라지며, 펀치 스트로크 길이의 1/3 정도 위치에서 최대값이 된다. 위의 식은 최대 드로잉력에 대한 것이다.

블랭크 홀더에 가해주는 홀딩력도 드로잉에서 중요한 인자이나 최적의 값을 이론적으로 구하기는 매우 어려우며, 실제 시행착오법(trial and error)으로 홀딩력을 결정하는 경우가 많다. 일반적으로 홀딩력의 최대 한계값은 드로잉력의 1/3 정도이다.

예제 직경 D=138mm, 두께 t=2.4mm인 블랭크를 사용하여 내경 d=75mm, 높이 h= 50mm의 원통형 컵을 드로잉한다. 재료의 인장강도가 30kgf/mm²일 때 드로잉력을 구하시오.

|풀이| 드로잉력 $$F = \pi(75)(2.4)(30)(\frac{138}{75} - 0.7) = 19,340\,\mathrm{kgf}$$

4.5 블랭크의 크기

재료의 낭비를 줄이고 경제적인 가공을 위해 적정한 크기의 블랭크를 사용해야 한다. 그림 1.24의 원통형 용기의 경우에는 다음과 같이 블랭크의 크기를 구할 수 있다.

용기의 바닥 면적 A_1과 용기의 원통면 면적 A_2는 다음과 같이 계산된다.

$$A_1 = \frac{\pi d^2}{4} \tag{1.14}$$

$$A_2 = \pi dh \tag{1.15}$$

여기서 d는 용기의 외경이며, h는 용기의 높이이다.

블랭크의 직경을 D라 하면 블랭크의 면적은 다음과 같이 계산된다.

$$A_b = \frac{\pi D^2}{4} \tag{1.16}$$

용기의 바닥 면적과 원통면 면적의 합은 블랭크의 면적과 같아야 하므로 블랭크의 크기는 다음과 같이 계산된다.

$$D = \sqrt{d^2 + 4dh} \qquad \bullet\; d \geq 20r\,일\;때 \tag{1.17}$$

이 식은 용기의 외경이 펀치의 코너 반경 r의 20배 이상일 때 유효하며, 용기의 외경이 작아지면 펀치의 코너 반경을 고려해서 다음과 같이 블랭크의 크기를 계산한다.

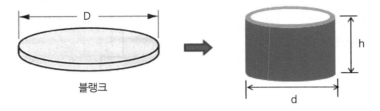

그림 1.24 블랭크의 크기

$$D = \sqrt{d^2 + 4dh - 0.5r} \qquad \bullet \ 15r \leq d \leq 20r$$

$$D = \sqrt{d^2 + 4dh - r} \qquad \bullet \ 10r \leq d \leq 15r$$

$$D = \sqrt{(d-2r)^2 + 4d(h-r) + 2\pi r(d-0.7r)} \quad \bullet \ d < 10r \,일 \ 때 \qquad (1.18)$$

이 식들은 용기의 표면적과 블랭크의 면적으로부터 유도한 것이며, 용기의 입구분을 다듬어 주기 위하여 용기의 직경 25mm당 3mm 정도의 트림여유(trim allowance)를 주는 것이 좋다.

예제 직경 d=40mm, 높이 h=60mm, 두께 t=0.6mm의 원통형 용기를 드로잉하기 위한 블랭크의 크기를 계산하라(펀치의 코너반경은 2mm이며, 트림여유는 6mm로 한다).

|풀이 d = 20r이므로 식 (1.17)로 블랭크 직경 계산

블랭크 직경 $\qquad D = \sqrt{d^2 + 4dh} = \sqrt{40^2 + 4(40)(60)} = 105.83\,mm$

트림여유 $\qquad TA = 6\,mm$

최종 블랭크 크기 $\quad D_b = D + TA = 112\,mm$

2 여러 가지 금형

여러 가지 금형

1 전단금형

1.1 딩킹 다이(Dinking die)

딩킹 금형은 일평면 커팅 금형이라고도 하며, 펀치나 다이 한 쪽에만 날을 가지고 있으며 다른 쪽은 평판을 사용한다. 딩킹 금형은 종이, 가죽, 고무 등의 재료를 자르는데 사용되는 다이로, 연금속의 얇은 판도 가공할 수 있다.

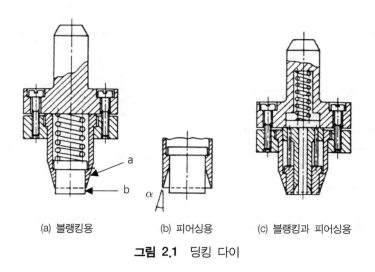

(a) 블랭킹용   (b) 피어싱용   (c) 블랭킹과 피어싱용

그림 2.1 딩킹 다이

딩킹 금형은 그림 2.1에 나타낸 것과 같은 구조로 펀치의 절단날은 폐곡선 형상의 인선이며 바닥에는 보통 평평하고 단단한 나무, 파이버 또는 알루미늄, 황동 등의 연질 금속을 받쳐놓고 그 위에 재료를 올려놓고 펀칭 작업을 한다.

그림 2.1(a)는 블랭킹용으로 칼날 a의 내면은 제품의 외형과 같고, 수직으로 만들어진다. b는 잘린 재료를 빼내는데 사용된다. 공구각 α는 펀칭 대상 가공물의 재질에 따라 정해진다. 두꺼운 종이는 약 10°, 가죽, 연질 종이, 코르크는 16~18°로 하고, 두꺼울수록 작은 값을 취한다.

그림 2.1(b)는 피어싱용의 경우로 절단날은 외경이 구멍의 치수와 같고 수직하게 되어 있다. 그림 2.1(c)는 블랭크 내에 구멍이 있는 형상을 가공하기 위한 금형으로 (a)와 (b)의 날을 합친 형상의 펀치로 내형과 외형을 동시에 가공한다.

1.2 절단 다이(Cutting die)

판재를 전단해서 분리하는데 사용되는 다이에는 그림 2.2의 (a)와 같은 스크랩을 발생하지 않는 절단형과 (b)와 같은 스크랩을 발생하는 분단형이 있다.

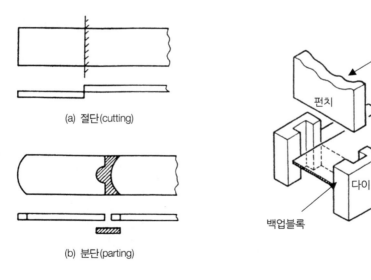

(a) 절단(cutting)

(b) 분단(parting)

그림 2.2 판재의 절단과 분단

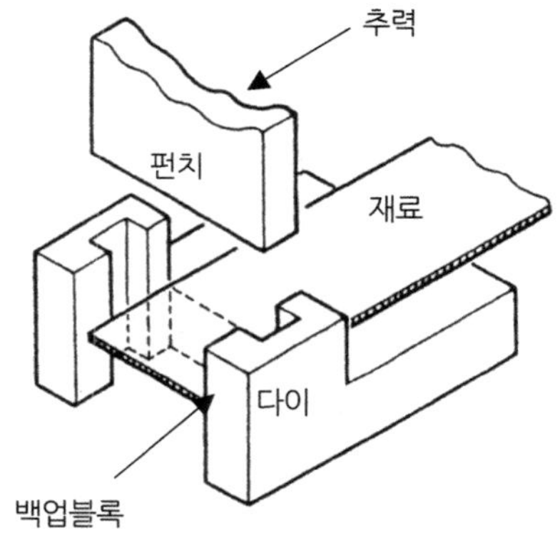

그림 2.3 절단 다이

절단 다이는 구조가 간단하고 칩이 생기지 않으므로 경제적이다. 그러나 전단 후의 재료는 좌우에서 버(burr)의 방향이 서로 반대가 되고, 또 사용할 수 있는 형상이 한정된다는 단점이 있다. 절단 다이는 재료를 절단할 때에 추력이 생기며 이에 의해 펀치가 빠져나가려고 하기 때문에, 이를 방지하기 위해서 그림 2.3에 나타낸 것과 같이 백업블록(backup block)을 설치한다.

1.3 분단 다이(Parting die)

분단 다이는 그림 2.2(b)에서와 같이 공작물을 분할하여 잘려진 양쪽이 제품이 되는 경우로 스크랩이 나오기도 한다. 자동차 부품 등에서 많이 볼 수 있는 좌우 대칭 형상부품을 만드는 경우 그림 2.4에서와 같이 처음에 좌우 형상의 일체의 것을 만들고, 나중에 분단하여 원하는 형태의 부품을 만들 수 있다. 또한 부품이 좌우 양쪽이 평행이고 양끝의 모양이 이형(異形)인 경우에 사용된다.

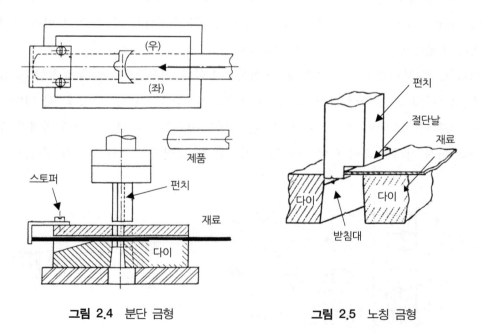

그림 2.4 분단 금형   그림 2.5 노칭 금형

1.4 노칭 다이(Notching die)

노칭 다이는 그림 2.5에 나타낸 것과 같이 받침대 구조를 설치하여 펀치가 내려오면서 펀치 절단날이 재료에 닿기 전에 먼저 다이 블록에 지지되면서 재료 절단 중 발생하는 가로 방향의 추력을 견딜 수 있게 설계한다.

노칭 다이는 단독으로 재료의 일부를 노칭할 뿐 아니라, 프로그레시브 다이의 한 공정으로서도 사용된다. 즉, 노칭 다이를 사용하여 노칭 가공을 하고 다음 공정에서 후속가공을 하여 제품을 완성한다.

1.5 블랭킹 다이(Blanking die)

블랭킹 다이는 외형빼기 다이라고도 하며, 타발(打拔)된 부분이 제품이 되고 이를 블랭크(blank)라고 한다. 블랭킹의 경우 블랭크의 외형에 정확한 치수가 요구되므로 다이의 크기를 제품 치수와 동일하게 하고, 펀치에 클리어런스를 주어 작게 만든다. 그리고 날에 시어각(shear angle)을 주는 경우에는 블랭크를 평평하게 가공하기 위하여 펀치의 밑면은 평평하게 하고 다이에 시어각을 준다.

그림 2.6의 블랭킹 다이는 오픈(open)형이라고 하며, 프레스에 금형을 장착할 때 상형을 먼저 장착하고, 펀치에 하형 다이를 조정하면서 중심을 맞춘다. 그림 2.7은 다이세트(die set)형이라고 하며, 오픈형과의 차이는 가이드 포스트와 부시로 상형과 하형의 중심이 맞추어진 상태로 되어 있어 프레스에 장착할 때 특별히 조정할 필요가 없다.

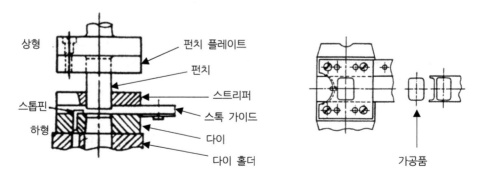

그림 2.6 블랭킹 다이(오픈형)

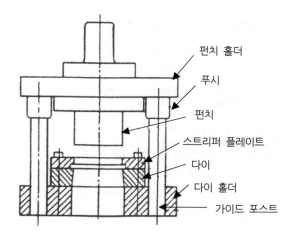

펀치 홀더
푸시
펀치
스트리퍼 플레이트
다이
다이 홀더
가이드 포스트

그림 2.7 블랭킹 다이(다이세트형)

1.6 피어싱 다이(Piercing die)

피어싱 다이는 구멍빼기 다이라고도 하며, 블랭킹 다이와는 반대로 재료에 구멍을 내는 것이 목적이기 때문에 펀치 외경을 제품인 구멍의 치수와 같게 만들고, 다이에 클리어런스를 준다.

블랭킹과 피어싱은 가공원리는 동일하지만 블랭킹과 달리 피어싱에서는 다음 사항을 주의해서 가공해야 한다. 피어싱 다이에서는 정확한 위치에 구멍을 뚫어야 하므로 재료를 정확한 위치에 고정하고 움직이지 않게 해야 하며, 펀치의 직경이 작은 경우가 많기 때문에 펀치가 부러지는 것을 방지하는 등의 대책을 세워야 한다.

그림 2.8은 스트리퍼 플레이트(stripper plate) 위치에 가이드 부시를 삽입해서 가는 펀치가 원활하게 상하운동을 하고, 펀치와 다이의 위치가 정확히 유지하면서 재료를 누를 수 있게 설계한 피어싱 다이의 예이다.

재료의 위치를 정확히 고정하는 방법에는 플레이트(plate)를 사용하는 방법과 핀(pin)을 사용하는 방법이 있다. 플레이트 방식은 그림 2.9(a)의 일체식, 또는 (b)의 분할식이 있고, 핀 방식은 그림 2.10(a)의 외형기준식과 (b)의 구멍기준식의 방법이 사용된다.

피어싱 다이는 블랭킹 다이와 함께 여러 가지 전단금형 중 가장 대표적인 금형으로 널리 사용되고 있다.

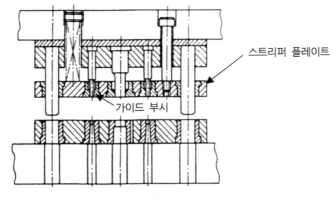

그림 2.8 피어싱 다이

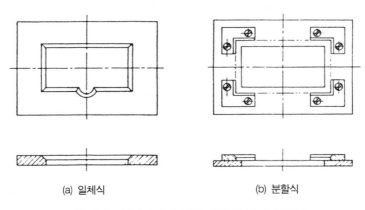

(a) 일체식   (b) 분할식

그림 2.9 플레이트에 의한 재료의 위치 정하기

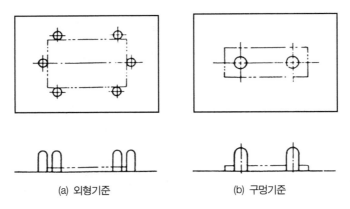

(a) 외형기준   (b) 구멍기준

그림 2.10 핀에 의한 재료의 위치 정하기

1.7 트리밍 다이(Trimming die)

트리밍 다이는 드로잉 가공 또는 성형 가공된 제품의 플랜지의 에지 등을 절단하여 다듬어주는데 사용되는 금형이다.

그림 2.11은 플랜지의 에지 부분을 자르기 위해서 설계된 트리밍 다이이다. 전단가공의 측면에서는 블랭킹 다이와 같으나 공작물이 용기 모양이기 때문에 위치 설정방법에 차이가 있고, 스크랩이 순차적으로 쌓이는 것을 방지하기 위한 커터가 부착되어 있다.

트리밍 다이에서 다이의 내경을 드로잉한 제품의 외주면과 일치하도록 하면 제품을 다이에 밀어 넣을 때 다이의 절단날에 의해 외측에 상처가 생길 수 있다. 이 때문에 다이의 내경을 어느 정도 크게 하는데, 이때 잘라낸 에지 부분에 약간의 휨이 남는다. 또, 드로잉 제품에서는 칼라가 붙어있는 자리의 굽힘 반경이 작으므로 절단할 때 그림 2.12에 나타낸 것과 같이 판을 비스듬히 자른다. 선반 등의 기계가공과 같이 정확하지는 않지만 가공이 능률적이기 때문에 트리밍 다이를 사용하는 경우를 많이 볼 수 있다.

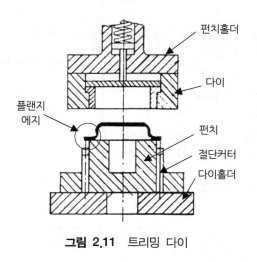

그림 2.11 트리밍 다이

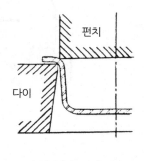

그림 2.12 절단상황

프로그레시브 다이(Progressive die)

구멍이 있는 제품을 가공할 때 다이 세트 내부에 피어싱 다이와 블랭킹 다이를 가공 순서대로 정렬 배치하고, 스트립(strip)을 이송시켜 피어싱 다이로 구멍을 뚫고, 블랭킹 다이로 외형을 잘라낸다. 이와 같이 스트립재를 이송시키면서 프레스의 한 행정에서 두 가지 이상의 가공을 할 수 있도록 고안된 금형을 프로그레시브 다이라고 한다.

그림 2.13은 구멍을 뚫고 외형을 타발하는 프로그레시브 다이이며, 이때의 작업과정을 그림 2.14에 나타내었다. 프로그레시브 다이는 복합 블랭킹 다이에 비해서 일반적으로 다이의 강성이 높고, 가공 후 제품을 아랫방향으로 추출 가능하며, 고속 작업에 적합하다. 그러나 구멍과 외형의 버(burr)가 반대로 나타나고 휨이 크게 발생하는 등의 문제점이 있다.

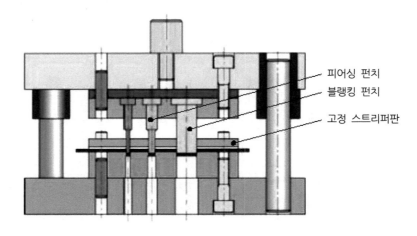

피어싱 펀치
블랭킹 펀치
고정 스트리퍼판

그림 2.13 프로그레시브 다이

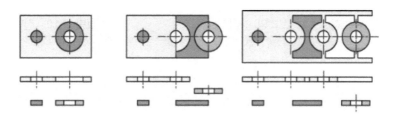

그림 2.14 와셔 형상의 프로그레시브 작업

1.9 복합블랭킹 다이(Compound blanking die)

구멍이 있는 제품을 가공할 때 피어싱 다이와 블랭킹 다이를 조합해서 2개 이상의 가공을 1공정 내에서 할 수 있도록 설계된 금형을 복합블랭킹 다이라고 한다. 복합블랭킹 다이는 그림 2.15와 같은 형식이며, 이를 프로그레시브 다이와 비교해 보면 다음과 같은 장단점이 있다.

① 구멍과 외형의 위치 치수가 정확하다.

② 제품의 휨이 적다.

③ 구멍과 버의 방향이 동일하다.

④ 제품 추출 및 스크랩 제거가 용이하지 않다.

⑤ 다이의 구조가 복잡해서 금형제작비가 비싸다.

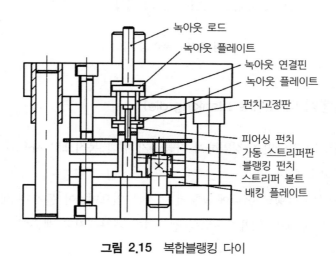

그림 2.15 복합블랭킹 다이

1.10 셰이빙 다이(Shaving die)

블랭킹과 피어싱 가공한 제품의 외형과 구멍의 절단면은 가공상태가 그다지 좋지 못하다. 정밀한 절단면을 요하는 경우에는 제품의 외형은 치수보다 크게 가공하고 구멍은 작게 가공한 후 전단면을 셰이빙 다이로 가공해 주면 절단면을 제품의 표면과 직각으로 맞출 수 있고, 절단면을 평활하게 하고 치수정밀도를 높일 수 있다.

세이빙 다이의 구조는 그림 2.16과 같으며, 전단면을 다듬질하는 가공으로 펀치와 다이의 클리어런스는 0.02mm 정도로 매우 작다. 그리고 한 번의 가공으로 정밀한 전단면이 얻어지지 않을 경우에는 2회에 걸쳐 실시하기도 한다.

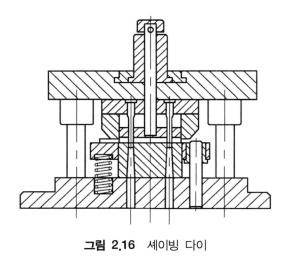

그림 2.16 세이빙 다이

1.11 파인블랭킹 다이(Fine blanking die)

파인블랭킹 다이는 전단면을 정밀하게 가공하기 위한 목적으로 사용되는 금형으로 정밀블랭킹 다이라고도 한다.

파인블랭킹 다이는 블랭크 홀더에 V형의 돌기가 있으며, 이 돌기가 재료의 외주부를 강하게 눌러 재료의 유동을 억제함으로써 전단면이 매끈해지고 제품의 치수정밀도가 우수해진다.

이 다이는 그림 2.17에 나타낸 바와 같이 상형에 펀치, 블랭크 홀더 및 녹아웃 장치가 있고 하형에는 다이와 녹아웃 장치가 있다. 그림 2.18은 정밀블랭킹 가공의 예로 판재에 V형 돌기에 의해 생긴 홈을 볼 수 있다. 제품의 두께가 얇은 경우에는 클리어런스는 판두께의 0.5%를 주며, 일반적으로 클리어런스는 0.01mm 이하로 정밀블랭킹 작업이 가능하다. 전단속도는 10mm/s를 초과하지 않도록 해야 하며, 전단력은 보통 전단금형의 2배 정도가 필요하다.

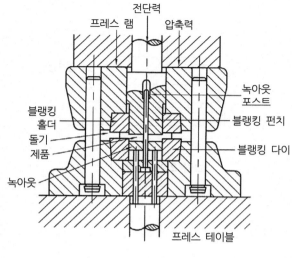

그림 2.17 파인블랭킹 다이

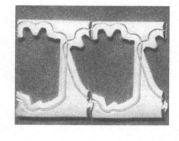

그림 2.18 파인블랭킹 예

1.12 분할 다이

분할 다이는 펀치 또는 다이를 일체로 만들지 않고, 그림 2.19와 같이 분할형으로 제작하여 조립한 다이이다.

분할 다이의 장점은 다음과 같다.

① 펀칭해야 할 형상이 복잡한 경우에 다이 가공이 용이하다.

② 펀치나 다이의 교환이 간단하다.

③ 다이를 수정할 경우 분할 작업이 가능하여 재료비가 절약된다.

④ 다이를 열처리할 때 열처리 변형이 작다.

분할 다이와 유사하게 대형 금형에서는 금형 제작비를 줄이고 금형의 보수관리를 용이하게 하기 위하여, 그림 2.20과 같이 합성형으로 펀치 및 다이의 절단날 부분만 공구강을 사용하고 다른 부분은 연강으로 제작하는 경우도 있다.

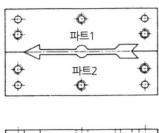

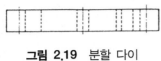

그림 2.19 분할 다이

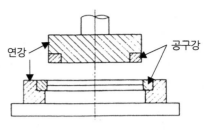

그림 2.20 합성형

2 굽힘금형

2.1 V굽힘 다이(V-Bending die)

V굽힘은 굽힘가공의 기본이 되는 작업이고, 굽힘제품의 단면은 대부분 V굽힘의 반복을 통해서 제작된다. 굽힘작업에서 굽힘각도는 보통 90°을 기준으로 한다. V굽힘 다이의 구조는 그림 2.21에 나타낸 것과 같이 비교적 간단하고, 금형 제작비용도 싸며, 광범위하게 사용된다.

그림 2.22에서 다이의 홈폭 W_d는 제품의 크기에 관계없이 판두께의 8배로 하는 것이 표준이다. 일반적으로 W_d가 너무 작으면 굽힘부에 굽힘압력이 크게 작용하고 스프링백이 커지며, 반대로 너무 크면 굽힘 압력은 감소하지만 펀치의 선단에서부터 경사면에 걸쳐서 처짐이 생긴다.

또한, 펀치와 재료의 닿는 폭 W_p는 W_d와 거의 같은 크기로 만든다. 양쪽이 너무 차이가 나는 경우에는 굽힘가공의 정밀도가 불량해진다. W_p가 W_d에 비해서 너무 넓으면 제품은 바깥쪽으로 뒤틀림 상태로 되고, 반대로 W_p가 너무 좁으면 안쪽으로 오므려지는 상태로 된다.

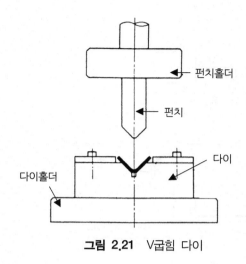

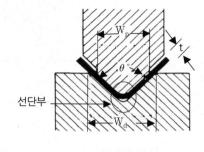

그림 2.21 V굽힘 다이

그림 2.22 V굽힘 다이의 형상

2.2 U굽힘 다이(U−Bending die)

U굽힘 단면의 제품은 V굽힘의 연속공정을 거쳐 만들 수 있다. U굽힘 다이는 2개 이상의 V자 선단을 갖는 펀치로 되어 있고 채널(channel), 상자 등의 제품을 만드는데 사용한다.

그림 2.23은 녹아웃 장치가 있는 U굽힘 다이로 가장 많이 사용되고 있는 구조이며, 굽힘가공 치수의 정밀도가 높다. 가공 후에 제품은 일반적으로 안쪽으로 오므려져 펀치에 달라붙지만 경우에 따라서는 바깥쪽으로 벌어지기도 한다. 제품의 굽힘부가 오므려지거나 벌려지는 것을 방지하는 방법은 여러 가지가 있지만, 그림 2.24에 나타낸 것과 같이 펀치의 밑바닥에 틈새를 만들고 굽힘부를 강압하는 방법이 가장 간단하고 효과가 있다.

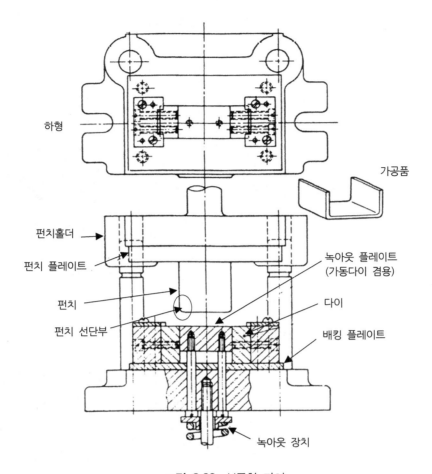

하형

가공품

펀치홀더

펀치 플레이트

녹아웃 플레이트
(가동다이 겸용)

펀치

다이

펀치 선단부

배킹 플레이트

녹아웃 장치

그림 2.23 U굽힘 다이

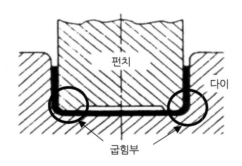

펀치

다이

굽힘부

그림 2.24 굽힘부 강압

2.3 복합 굽힘 다이

복합 굽힘 다이란 굽힘가공과 피어싱 또는 굽힘가공과 드로잉 등을 하나의 금형에서 할 수 있도록 굽힘가공 공정과 다른 가공공정을 조합해서 제작한 금형을 말한다.

(1) 절단 굽힘 다이

이 형식은 최종 공정에서 재료를 절단함과 동시에 굽힘을 하는 프로그레시브 다이로, 그림 2.25에 그 일례를 나타내었다. 즉, 제1공정에서 구멍을 뚫고, 제2공정에서 재료의 절단과 동시에 직각 굽힘을 한다.

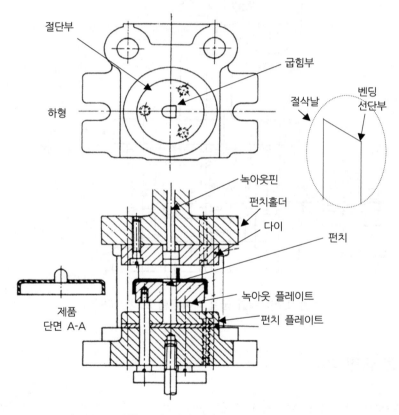

그림 2.25 복합 굽힘 다이(절단 굽힘 다이)

(2) 굽힘 트리밍 다이

그림 2.26은 굽힘 트리밍 다이인데 이것은 굽힘 펀치의 밑면의 다이 형상으로 굽힘가공을 하고, 동시에 외주부를 트리밍하여 제품을 제작하는 다이의 일례이다.

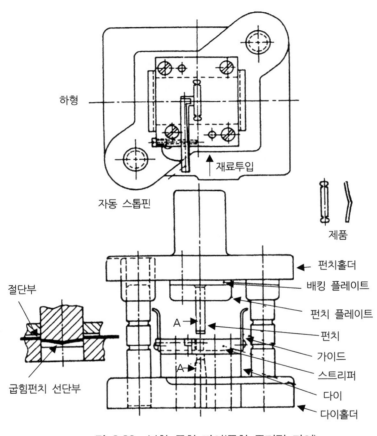

그림 2.26 복합 굽힘 다이(굽힘 트리밍 다이)

2.4 복동 굽힘 다이

굽힘의 형상에 따라서는 상형이 하강할 때에 금형의 일부를 복동시켜서 가공을 하는 구조의 금형이 있다. 그림 2.27은 그 일례로 복동 U굽힘 다이를 나타낸 것이다.

일반적으로 U굽힘 다이에 있어서 스프링백에 의해 굽힘부가 안쪽으로 오므려지거나 바깥쪽으로 벌려지거나 하기 때문에 복동 굽힘 다이에서는 스트로크의 최하위 부근에서 가동 다이를 복동시켜 굽힘부 외측방향에서 하중을 가해줌으로써 재료의 굽힘부에 정확한 직각도를 내는 것을 목적으로 하고 있다.

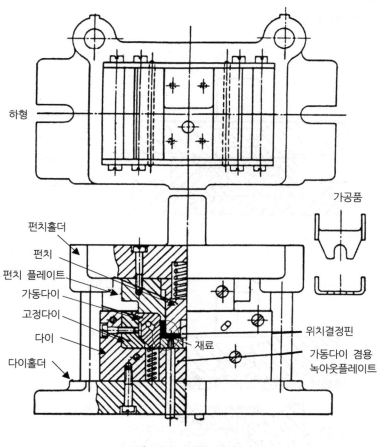

그림 2.27 복동 굽힘 다이

2.5 캠식 굽힘 다이

제품의 형상에 따라서는 금형의 상하 움직임만으로는 불충분한 경우가 있다. 캠식 굽힘 다이는 금형의 일부를 캠(cam) 구조를 이용해서 좌우 또는 경사 방향으로 움직여서 여러 가지 굽힘 가공을 할 수 있게 설계된 다이이다.

그림 2.28은 캠식 굽힘 다이를 나타낸 것인데, 상형이 내려오면 다이 위의 평판의 재

료 좌우측이 90° 굽혀지고, 상형이 더 내려오면 캠 A는 좌우로 열리고, 캠 B는 펀치 B를 좌우에서 닫는 방향으로 작용해서, 공작물의 측면을 안쪽으로 더 굽혀준다. 가공이 끝나고 상형이 상승하면, 스프링의 작용에 의해서 펀치는 좌우로 벌어지고 다이는 줄어들어서 제품을 꺼내기 쉽게 된다.

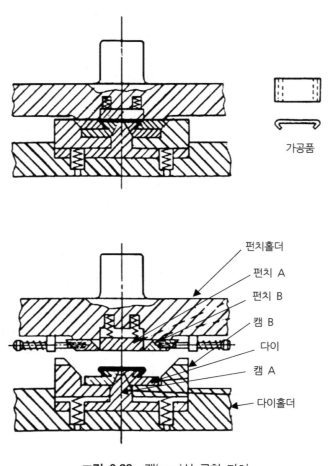

가공품

그림 2.28 캠(cam)식 굽힘 다이

| 펀치홀더 |
| 펀치 A |
| 펀치 B |
| 캠 B |
| 다이 |
| 캠 A |
| 다이홀더 |

2.6 라운드 다이(Round die)

라운드 다이는 판을 둥글게 말아서 링, 튜브, 파이프 또는 밴드 등을 제작할 때 사용하는 금형이다. 일반적으로는 예비 굽힘 공정으로 거친 굽힘 또는 U굽힘 공정이 사용된다.

그리고 많은 경우 작업에 코어바(core bar)가 사용되고 있다. 코어바는 라운드 가공 중 안쪽으로 재료가 찌그러지지 않도록 하고 판재가 둥글게 감겨져서 정밀도를 좋게 한다. 코어바를 아버(arbor)라고도 부른다.

그림 2.29는 수동 아버식 둥근 다이라고 불리는 금형으로 제1공정에서는 펀치로 직접 눌러서 U자형으로 굽히고, 제2공정에서 U자형의 재료에 아버를 넣어서 관 또는 통을 형성하고, 아버가 삽입되어 있는 채로 돌려가면서 2~3회 가볍게 상형으로 눌러주어 정확한 원통 모양을 만들어 줄 수 있다.

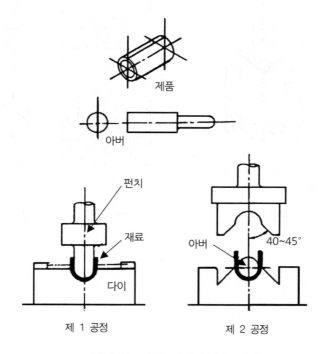

그림 2.29 수동 아버식 둥근 다이

2.7 폴리우레탄 다이(Polyurethane die)

폴리우레탄은 플라스틱의 경도와 고무의 탄성 특성을 갖고 있는 합성수지로 매우 강인하며, 인장강도, 압축강도, 내열강도가 크고 내압특성도 우수하다. 그리고 영구변형이 작고, 높은 반발 탄성을 갖고 있기 때문에 금형용 용수철 대신 많이 사용되고 있다. 이러한 성질 때문에 폴리우레탄은 굽힘 다이의 다이 재료로도 사용하고 있다.

V굽힘에서 그림 2.30과 같이 다이를 폴리우레탄으로 제작하여 굽힘가공을 하면 V홈 다이의 금형을 사용하는 경우보다 스프링백이 작아진다. 폴리우레탄 다이에서는 그림 2.31에 나타낸 것과 같이 적절한 형상의 릴리프(relief) 구조를 만들어 두는 것이 폴리우레탄의 수명을 연장하고 스프링백을 줄이기 위해 필요하다.

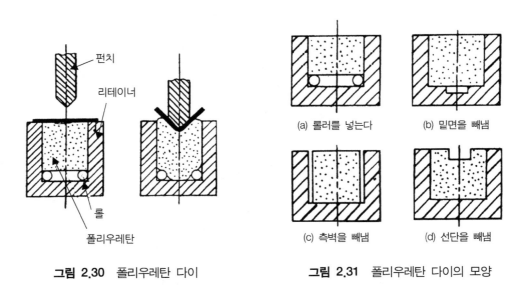

그림 2.30 폴리우레탄 다이　　　　**그림 2.31** 폴리우레탄 다이의 모양

---

3 | 성형 다이

3.1 | 플랜지 성형 다이

플랜지 가공은 판, 구멍, 관의 끝부분에 굽힘을 가해 플랜지(칼라)를 만드는 작업이다. 그림 2.32(a)는 직선 플랜지로 직선으로 굽힘가공되어 있고, (b)와 (c)는 곡선으로 플랜지 가공이 되어 있다. 가공시 그림 (b)는 재료가 신장되기 때문에 신장 플랜지라 하고, (c)는 재료가 압축되어 수축 플랜지라 한다. 그리고 (d)는 복합 플랜지라고 한다.

| (a) 직선 플랜지 | (b) 신장 플랜지 | (c) 수축 플랜지 | (d) 복합 플랜지 |

그림 2.32 플랜지 가공 예

그림 2.33은 수축 플랜지 다이로 원판 재료의 외주부를 굽힘가공하여 둥근 뚜껑 제품을 성형하는 다이의 예를 보여준다.

그림 2.34는 신장 플랜지 다이로 원통 재료의 입구부위를 바깥쪽으로 굽혀 플랜지를 성형하는 다이의 예를 보여준다.

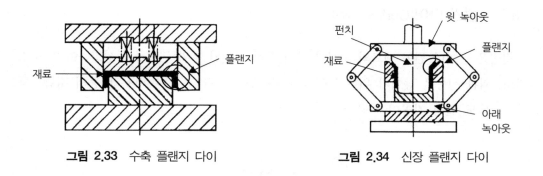

그림 2.33 수축 플랜지 다이　　　　　**그림 2.34** 신장 플랜지 다이

3.2 　버링 다이(Burring die)

버링은 구멍을 구멍의 직각 방향으로 굽혀서 플랜지를 만드는 가공법이다. 버링할 때 신장 플랜지가 되어 파단이 발생하기 쉽기 때문에 플랜지의 높이가 제한되며, 너무 높은 플랜지로 성형하는 것은 불가능하다.

그림 2.35는 버링 다이로 다른 공정에서 구멍을 뚫어놓은 재료를 버링하는 다이의 예이다. 그림 2.36은 펀칭과 버링 가공을 한 다이에서 할 수 있도록 설계한 복합식 버링 다이이다. 펀칭에서 타발된 스크랩이 버링되는 플랜지부의 선단에 붙거나 또는 펀치에 부착될 수가 있는데, 이런 경우 자동 가공용 금형에는 적합하지 않으며, 이를 방지하기 위해서는 반드시 작은 구멍을 미리 가공한 후에 버링할 필요가 있다.

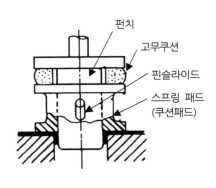

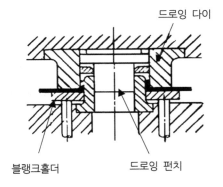

그림 2.35 버링 다이

그림 2.36 복합식 버링 다이

컬링 다이(Curling die)

컬링은 판이나 원통 재료의 모서리 부위 특히 절단된 부위를 둥글게 성형하여 안전성, 강도, 외관 성능을 높이기 위한 목적으로 사용된다. 그리고 경첩이나 캔 등의 결합부를 만드는데도 컬링 가공이 사용된다.

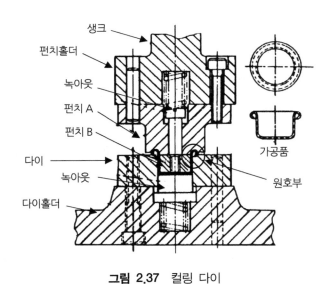

그림 2.37 컬링 다이

그림 2.37은 컬링 다이의 예로, 플랜지 없는 원통을 다이 안에 삽입하고 펀치 A로 누르면 펀치의 원호부가 원통의 모서리를 누르기 때문에 이 부분은 둥글게 성형이 된다. 컬링한 부분의 직경은 판두께의 1.5～4배 정도가 되는데 컬링을 원통의 안쪽으로 하는지 바깥쪽으로 하는지에 따라 컬링부 직경의 크기가 달라진다.

컬링된 부분의 내부에 철사를 감아 넣기도 하는데 이를 와이어링(wiring)이라고 하며, 컬링부의 강도가 매우 강해진다.

3.4 벌징 다이(Bulging die)

벌징은 부풀림가공이라고도 하는데 제품의 아래쪽 부분을 윗부분보다 큰 치수로 넓히는 가공이다. 이 경우 아래쪽 부분의 치수가 크므로 성형이 끝나고 다이에서 제품을 그대로 빼낼 수 없기 때문에 다이가 분리되도록 하든지 조합식으로 하든지, 또는 유체식이나 충진식을 사용하여 제품이 쉽게 추출되도록 해야 한다.

유체식은 펀치의 아랫부분에 물이나 기름을 채워 압력을 가해 공작물 아래쪽의 재료를 확장하는 방식이며, 충진식은 공작물 내부에 고무 또는 폴리우레탄을 채우고 이들 충진재의 탄성성질을 이용하여 재료를 성형한다. 기구적으로는 캠을 사용해 세그먼트 모양으로 분할한 펀치가 옆으로 움직이면서 재료를 성형하는 방법이 있다. 그러나 분할형은 제작이 곤란하고 또한 문제가 일어나기 쉬워 현재는 거의 사용되지 않는다.

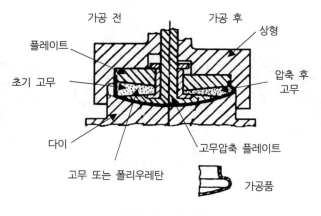

그림 2.38 벌징다이

그림 2.38은 고무 또는 폴리우레탄을 사용한 금형의 예이다. 상형이 하강하면 플레이트가 고무를 압축하여 옆으로 부풀게 되면서 재료가 함께 성형이 된다. 성형을 마치고 상형이 상승할 때는 고무는 원래의 형상으로 돌아가서 제품에서 분리된다.

3.5 비딩 다이(Beading die)

비딩은 판이나 각종 프레스 제품에 큰 요철을 만들어 주는 작업으로 강도 보강이나 외관성능을 높이는데 효과가 있다. 그림 2.37의 (a)와 (b)는 판넬과 브라켓(bracket)에 비드를 만들어 강도를 보강한 예이며, (c)는 원통 모양의 부품에 비드 가공을 하여 결합한 예이다.

비드 가공은 프레스의 슬라이더에 한 쌍의 다이를 장착하고 그 사이에 판넬을 넣어 가공하거나, 혹은 그 사이에 고무, 액체 등의 충진재를 이용하거나, 또는 회전롤을 이용해서 가공하는 방법 등이 있다.

그림 2.40(a)는 원통형 관 외경에 꼭 맞는 다이에 관을 넣고, 펀치로 관을 축 방향으로 압축시켜 다이에 파져 있는 홈에 재료가 밀려들어가게 해서 비드를 성형하는 방법이며, (b)는 성형 다이와 고무 재료를 이용하여 비드를 성형하는 방법이며, (c)는 요철이 반대인 한 쌍의 회전롤 사이에 공작물을 집어넣고 롤을 회전시켜 비드를 가공하는 방법을 보여준다.

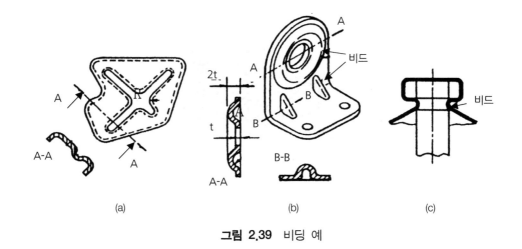

(a)   (b)   (c)

그림 2.39 비딩 예

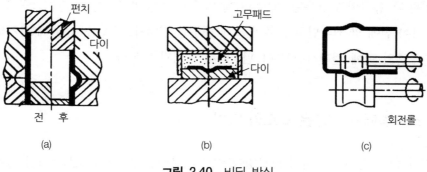

그림 2.40 비딩 방식

4 드로잉 금형

4.1 블랭크 홀더가 없는 드로잉 다이

드로잉 깊이가 얕고 블랭크 크기와 두께의 비율이 적정한 경우에는 블랭크 홀더가 없는 다이를 사용하여 드로잉 가공을 할 수 있다. 이 다이는 그림 2.41에 나타낸 것과 같이 다이의 곡면을 단순한 원호보다 30° 정도의 원추 형상으로 만들어 준다. 펀치의 형상은 구면보다는 평평한 납작머리 펀치가 모양이 좋고 안정하다.

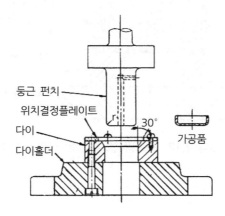

그림 2.41 플랜지 없는 드로잉 다이

드로잉한 후 용기의 입구부는 스프링백에 의하여 약간 벌려지기 때문에 그림 2.41에서와 같이 다이 밑에 약간의 단차를 주어 크게 해주면 펀치가 위로 올라 갈 때 용기의 입구가 단차 부분의 턱에 걸려서 제품이 펀치에서 떨어지게 된다.

4.2 스프링패드가 붙은 드로잉 다이

플랜지가 없는 작은 공작물의 드로잉에 주로 사용되는 다이로 그림 2.42와 같이 펀치가 하강하면 스프링이 압축되면서 스프링패드로 블랭크 외주부를 눌러 주름 발생을 방지한다.

스프링패드를 지지하는 볼트의 머리부가 펀치홀더의 구멍 내에서 슬라이딩하므로 펀치홀더의 두께가 두꺼워지며, 주름 누름압력의 조정이 어렵다는 단점이 있으나 용기의 주름을 어느 정도 방지할 수 있고 드로잉한 용기를 다이에서 밑으로 간편하게 추출되게 하여 생산성이 높다는 장점이 있다.

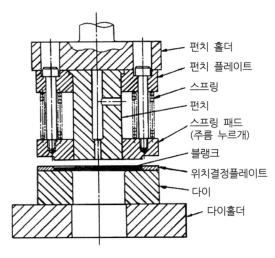

그림 2.42 스프링패드가 붙은 드로잉 다이

4.3 역드로잉 다이(Reverse drawing die)

용기의 깊이가 깊을 때는 일회 이상 드로잉을 해야 하는데 일차 드로잉한 용기를 반대 방향으로 다시 드로잉하는 가공을 역드로잉이라고 한다. 그림 2.43은 역드로잉을 나타낸 것인데 용기를 뒤집어서 다이에 장착하고 펀치로 눌러 드로잉하는 작업으로, 다이의 구조는 매우 간단하고 가공 전과 후에 제품의 안팎이 반대로 된다. 얼핏보면 역드로잉의 가공조건은 가혹할 것으로 보이지만 오히려 재료의 굽힘방향이 일차 드로잉에서의 굽힘 방향과 같은 방향이 되기 때문에 재드로잉의 경우보다 변형률 경화가 작고 드로잉 하중 도 작아져서 가공이 용이해진다.

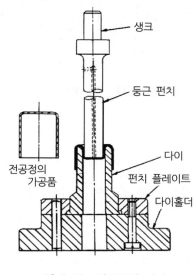

그림 2.43 역드로잉 다이

4.4 재드로잉 다이(Redrawing die)

드로잉한 용기를 같은 방향으로 다시 드로잉하는 것을 재드로잉이라고 한다. 재드로잉 시 블랭크 홀더의 크기는 일차 공정에서 드로잉한 제품의 형상과 일치시킨다.

드로잉 깊이가 깊기 때문에 쿠션 압력이 크고, 블랭크 홀더로 재료를 강하게 누르면서 드로잉하기 때문에 재료에 균열이 발생할 가능성이 있다. 이러한 경우 그림 2.44에서와 같이 블랭크 홀더를 상형의 밀어내기 핀으로 밀어내어 적당한 틈새를 생기게 하면 균열을 방지하는 효과가 있다.

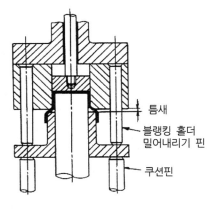

틈새

블랭킹 홀더
밀어내리기 핀

쿠션핀

그림 2.44 재드로잉 다이

4.5 복합 드로잉 다이

복합 드로잉 다이는 드로잉에 다른 공정이 추가된 것으로 다음과 같은 종류가 있다.

(1) 블랭킹/드로잉 다이
이 다이는 재료의 블랭킹과 드로잉을 동시에 하는 복합 다이이다. 다이의 구조는 그림 2.45와 같으며, 블랭킹 펀치 내부에 드로잉 펀치가 있다.

그림 2.46은 하형의 드로잉 펀치에 피어싱 다이 기능을 부여하여 블랭킹, 드로잉, 피어싱의 3공정을 하나의 금형에서 순차적으로 가공하는 복합 다이이다.

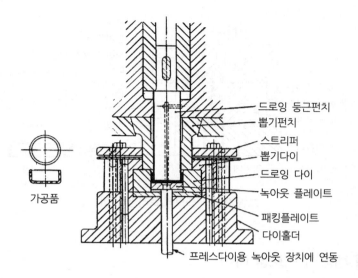

드로잉 둥근펀치
뽑기펀치
스트리퍼
뽑기다이
드로잉 다이
녹아웃 플레이트
패킹플레이트
다이홀더
프레스다이용 녹아웃 장치에 연동

가공품

그림 2.45 블랭킹/드로잉 다이

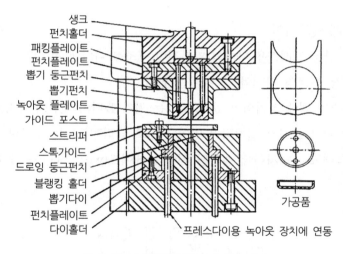

생크
펀치홀더
패킹플레이트
펀치플레이트
뽑기 둥근펀치
뽑기펀치
녹아웃 플레이트
가이드 포스트
스트리퍼
스톡가이드
드로잉 둥근펀치
블랭킹 홀더
뽑기다이
펀치플레이트
다이홀더
프레스다이용 녹아웃 장치에 연동

가공품

그림 2.46 블랭킹/드로잉/피어싱 다이

(2) 드로잉/트리밍 다이

이 다이는 드로잉 가공과 에지(edge) 부분의 트리밍 가공을 순차적으로 하는 다이로,
그림 2.47과 같이 드로잉 펀치 뒤에 에지 절단 펀치를 붙여 제작한다.

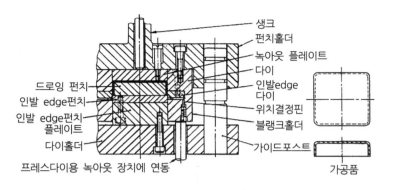

그림 2.47 드로잉/트리밍 다이

대형 제품의 드로잉 다이

대형 제품의 드로잉에는 다음과 같은 종류의 다이가 사용되고 있다.

(1) 단동 프레스용 다이

그림 2.48은 단동 프레스용 다이의 기본적인 구조를 나타낸 것이다. 이 다이의 구조는 기본적으로 원통 드로잉 다이와 큰 차이는 없다.

다이는 프레스의 램에 설치되어 있고, 펀치는 펀치 홀더의 윗면에 설치되어 있으며, 펀치의 주위에 블랭크 홀더가 설치되어 있어 상하로 슬라이드하는 구조다. 양쪽의 슬라이드는 펀치와 블랭크 홀더사이에 설치된 웨어 플레이트(wear plate)면을 따라 상하로 움직인다.

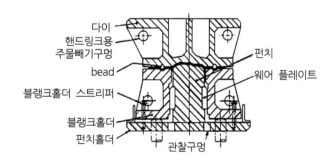

그림 2.48 단동 프레스용 다이

(2) 복동 프레스용 다이

단동 프레스 다이가 역으로 되어 있는 구조이다. 처음에 블랭크 홀더가 하강해서 다이에 놓여있는 재료를 누르고, 잇따라서 펀치가 하강하여 드로잉 성형을 한다. 그림 2.49에 나타낸 것과 같이 블랭크 홀더는 프레스의 아우터램(outer ram)에, 펀치는 이너램(inner ram)에 장착하고, 각각의 슬라이더는 펀치와 블랭크 홀더에 설치된 웨어 플레이트 면을 따라 상하로 움직인다.

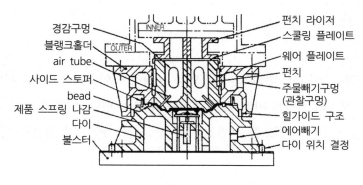

그림 2.49 복동 프레스용 다이

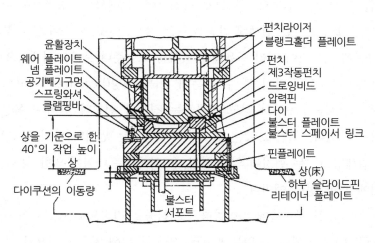

그림 2.50 3작동 프레스용 다이

(3) 3작동 프레스용 다이

주름 누름용 블랭크 홀더와 드로잉 펀치 외에 특별한 작동을 하는 펀치가 하나 더 있는 금형이다. 그림 2.50에 나타낸 것은 대형 제품의 중앙부에 볼록 형상이 있고, 바깥둘레의 주름누르기 힘으로는 성형이 곤란하기 때문에 볼록부의 펀치를 다이쿠션으로 작동시켜 주름누르개를 겸해서 성형할 수 있는 구조로 된 다이이다.

5 압축가공 금형

재료에 압축력을 가해서 성형하는 가공법을 총칭하여 압축가공이라고 하며, 일반적으로 압축가공은 재료의 크기에 비해 매우 큰 힘을 필요로 한다. 압축가공 시 큰 형상 변형을 필요로 하는 경우에는 재료를 재결정온도 이상으로 가열하여 열간가공을 한다.

5.1 업세팅 다이(Upsetting die)

업세팅이란 봉재나 관재를 축 방향으로 타격하여 공작물의 반경방향을 두껍게 만들어주는 가공이다. 그림 2.51은 업세팅 가공한 예로 볼트, 리벳, 단붙이축 등을 위시해서 각종 부품의 가공에 업세팅이 널리 사용되고 있음을 보여준다. 특히, 업세팅으로 재료의 끝부분을 두껍게 만든 것을 많이 볼 수 있는데, 이를 헤딩(heading)이라고도 한다.

업세팅에는 측면을 구속하지 않고 가공하는 경우와 펀치나 다이로 형상을 구속하여 성형하는 경우가 있다. 그림 2.52는 업세팅에 사용되는 펀치와 다이로, (a)는 오픈다이(open die) 업세팅, (b)는 펀치에 의한 성형, (c)와 (d)는 다이에 의한 성형 그리고 (e)는 펀치와 다이에 의한 성형 예이다.

업세팅은 길이가 긴 공작물에 길이방향으로 하중을 가하므로 공작물이 구부러져 버리는 좌굴(buckling)이 발생할 수 있는데, 좌굴 방지를 위해 일회 타격으로 가공할 수 있는 부분의 길이는 공작물 직경의 3배 이내로 제한된다.

그림 2.51 업세팅 가공부품

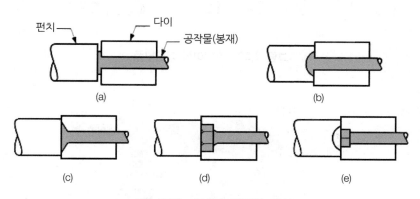

그림 2.52 업세팅 펀치와 다이

5.2 스웨이징 다이(Swaging die)

스웨이징은 봉재, 관재, 선재 등의 공작물에 반경방향으로 압축을 가해 성형하는 가공으로, 공작물의 직경 혹은 두께는 줄어들고 길이는 늘어나게 된다.

스웨이징에는 그림 2.53(a)의 경우와 같이 다이를 회전시키면서 재료의 반경방향으로 타격을 가하는 로터리 스웨징 가공과 (b)와 같이 재료를 회전시키지 않고 다각형 또는 그 밖의 특수형상 단면으로 성형하는 가공이 있다.

그림 2.54는 스웨이징 다이의 주요 부분을 나타낸 것이다. 주축이 회전할 때 원심력에 의해 해머가 바깥쪽으로 슬라이딩되었다가 롤러에 의해 반경방향으로 슬라이딩하면서 재료를 반복 타격한다. 다이 종류에 따라서는 주축은 고정시키고 다이의 외주부를 회전시켜 재료의 반경방향으로 타격을 가하는 경우도 있다.

스웨이징한 제품의 정밀도는 비교적 높고 표면거칠기도 양호하다. 중공 제품의 경우에 공작물 내면의 표면거칠기는 중공부에 끼워넣는 맨드릴 및 공작물의 초기 표면거칠기에 크게 좌우된다. 단면 감소율은 재료 재질에 따라 제약이 있으며, 단단한 재료는 가열하면서 스웨이징하기도 한다.

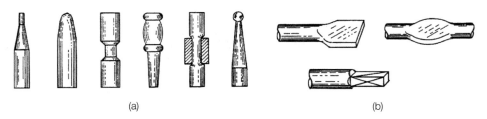

(a)   (b)

그림 2.53 스웨이징 가공부품

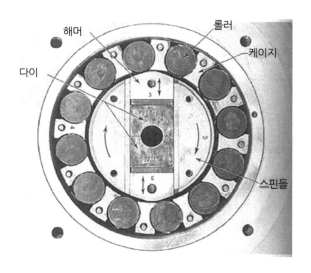

그림 2.54 스웨이징 다이

5.3 엠보싱 다이(Embossing die)

엠보싱은 얇은 판재에 앞뒤의 오목 볼록이 서로 반대인 요철(凹凸)을 만드는 작업이다. 요철이 암수로 되어 있는 한 쌍의 공구 사이에 공작물을 넣고 누르면, 판 두께는 거의 변화 없이 공작물에 요철을 만들 수 있다. 캔이나 박판에 각인, 양각 무늬, 보강을 위한 리브 등이 엠보싱 가공의 대표적인 예이다.

일반적으로 스트로크 초기의 가공 단계에서는 낮은 힘으로 거의 일정하게 가압하고 최종단계에서는 요철부의 단위면적당 재료 항복응력 정도의 가공력을 가해준다. 정밀도를 높이기 위해서 항복응력의 20~30% 정도 높은 압력을 가하기도 한다.

그림 2.55는 공작물 표면을 볼록하게 가공하는 엠보싱 다이를 나타낸 것이다. 다이의 상형과 하형은 요철이 반대이고, 다이가 닫혔을 때 상형과 하형의 틈새는 판재 두께가 된다.

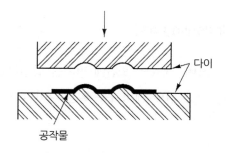

그림 2.55 엠보싱 다이

5.4 압인가공 다이(Coining die)

압인가공은 코이닝이라고 하며, 대부분 냉간 스퀴징(cold squeezing) 작업으로 동전, 메달, 기계부품 등의 표면에 요철을 내는 가공이다. 공작물의 구속여부에 따라 개방형, 반밀폐형, 밀폐형으로 구분된다. 개방형과 반밀폐형은 다이의 상형과 하형이 닫혔을 때 외부틈새가 있어 재료의 측방향 변형을 허용하나 밀폐형은 상형과 하형에 의해 공작물의 부피가 구속된 상태에서 가공이 이루어진다.

그림 2.56은 밀폐형 압인가공 다이를 나타낸 것이다. 다이 내의 공작물은 완전 구속된

상태에서 변형되므로 미세한 요철부도 정밀하게 가공할 수 있다. 그러나 공작물의 크기가 적정량보다 작으면 가공불량, 크면 다이나 프레스기에 심각한 손상을 초래할 수 있기 때문에 알맞은 크기의 소재를 사용해야 한다. 압인가공에서는 1,400MPa 이상의 큰 압축력을 필요로 한다.

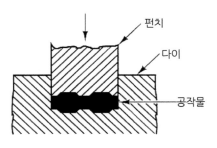

그림 2.56 압인가공 다이

5.5 압입가공 다이(Indenting die)

압입가공은 인덴팅이라고 하며, 재료의 표면에 펀치를 압입하여 일정한 형상의 자국을 내는 가공법으로 각인, 천공 가공 전의 예비가공 혹은 다이의 호빙, 기계부품의 부분적인 치수 표시 등에 사용된다.

그림 2.57 압입가공 다이

그림 2.57은 압입가공의 예로 펀치는 가공하고자 하는 형상과 요철이 반대로 되어 있으며, 이를 압입하여 가공한다. 압입시 배제된 재료는 주변의 재료를 눌러 넓히면서 펀치의 주변 위로 약간 솟아오르게 한다.

6 순차이송 금형

프레스 가공 제품은 단일 공정으로 가공이 완료되는 것이 아니라 여러 공정을 필요로 하는 경우가 많이 있다. 프레스 가공에서 소재를 연속적으로 이송시키면서 여러 공정의 가공을 할 수 있도록 고안된 것을 순차이송 금형이라고 한다.

공작물을 이송시키면서 가공하는 금형에는 프로그레시브 금형과 트랜스퍼 금형이 있는데, 프로그레시브 금형은 최종공정에서 스트립을 절단하고 트랜스퍼 금형은 먼저 블랭킹을 한 후 이를 이송하면서 가공을 한다. 프로그레시브 금형만 순차이송 금형이라고 하기도 하나, 넓은 의미로는 트랜스퍼 금형도 순차이송 금형에 포함시킨다.

6.1 프로그레시브 다이(Progressive die)

프로그레시브 다이는 판재를 이송시키면서 순차적으로 가공을 하도록 설계된 금형을 말한다. 즉, 하나의 금형에 다수 개의 펀치와 다이가 피치간격으로 설치되어 있으며, 공작물을 피치만큼 이송시키면 순차적으로 각 펀치와 다이에 의한 공정을 진행해 나가 제품을 완성한다. 그림 2.58은 프레그레시브 다이와 각 위치에서 스트립의 가공과정을 보여준다.

프로그레시브 금형은 고도의 설계기술을 요하고 제작비용도 비싸지만 대량생산에는 매우 효과적이다. 가공측면에서, 프로그레시브 금형의 장단점은 다음과 같이 정리된다.

〈장점〉
① 복잡한 형상의 제품도 몇 개의 스테이지로 나누어 간단하고 견고한 금형구조로 가공할 수 있다.

② 드로잉, 굽힘 및 성형 가공을 포함하는 가공도 가능하다.

③ 가공속도가 빠르다.

④ 대량생산에 적합하고 작업능률이 좋다.

〈단점〉

① 정밀도가 높은 제품은 가공이 어렵다.

② 제품의 형상에 따라 변형이 남는 것도 있다.

③ 제품의 형상이 금형구조상 제작이 불가능한 경우도 있다.

④ 버(burr) 방향이 지정된 제품은 구조가 복잡해진다.

⑤ 사용재료 및 프레스 기계의 제약이 있다.

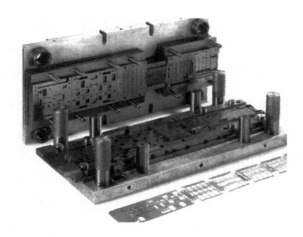

그림 2.58 프로그레시브 금형 및 가공과정

프로그레시브 다이는 제품의 형상이나 금형 구조에 따라 여러 가지 종류가 있지만, 가장 많이 사용되고 있는 형식은 다음과 같다.

(1) 프로그레시브 블랭킹 · 피어싱 다이(progressive blanking · piercing die)

이 작업은 피어싱과 블랭킹으로 구성된 것으로 와셔, 모터 코어, 리드 프레임 등의 제품 가공에 사용된다. 그림 2.59는 단순 형태의 2공정 제품의 스트립 레이아웃으로, 그림의 해칭 부분은 해당 공정에서 가공되고 있는 부분을 표시한 것이다.

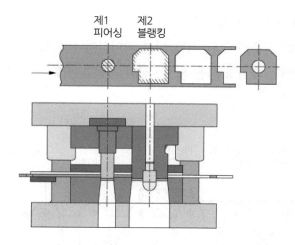

그림 2.59 프로그레시브 블랭킹 · 피어싱 다이

(2) 프로그레시브 노칭 · 분단 다이

그림 2.60은 노칭과 분단 가공으로 구성된 프로그레시브 금형이다. 제품의 외곽형상이 복잡하여 단일 공정으로 가공하기 힘든 경우에는 노칭, 피어싱 등의 방법으로 여러 공정으로 분할하여 금형을 설계하는 것이 금형 수명과 제품 안정성에 우수하다.

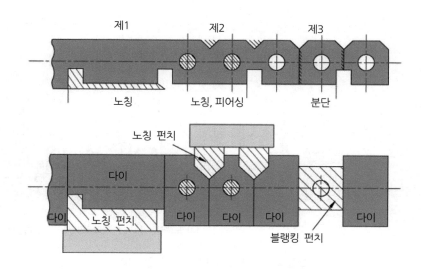

그림 2.60 프로그레시브 노칭 · 분단 다이

(3) 프로그레시브 노칭 · 굽힘 다이

굽힘가공이 필요한 제품은 굽힘 전에 미리 피어싱이나 노칭가공이 되어 있어서 굽힘
시 간섭이 없어야 한다. 그림 2.61은 노칭 · 굽힘 가공을 위한 스트립의 레이아웃을 나타
낸 것이다.

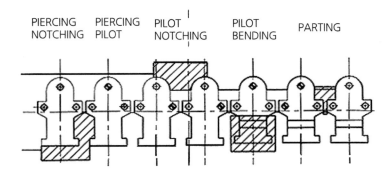

그림 2.61 프로그레시브 노칭 · 굽힘 다이

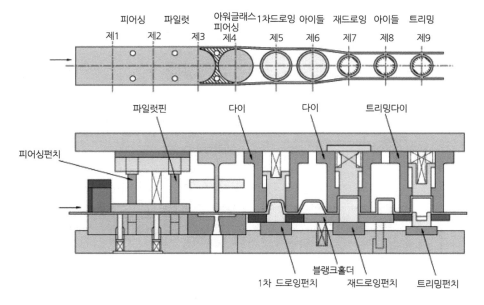

그림 2.62 프로그레시브 드로잉 다이

(4) 프로그레시브 드로잉 다이

드로잉은 소재가 다이 속으로 끌려 들어가면서 성형되는 것이기 때문에 연속 작업 시에는 소재의 유입이 쉽도록 드로잉하기 전에 피어싱을 할 필요가 있다.

그림 2.62에서 보는 바와 같이 드로잉 후에는 소재 폭이 작아지는 것을 알 수 있다. 스트립 레이아웃에서 아이들(idle) 공정은 그 스테이지(stage)에서 가공하지 않고 쉬는 단계로 금형의 강도 보강, 열확산 및 시간 여유, 프레스 하중 중심의 조정 등을 위해 프로그레시브 금형설계시에 필요한 사항이다.

6.2 트랜스퍼 다이(Transfer die)

트랜스퍼 가공은 공작물을 각 공정 간에 반자동이나 자동으로 이송시키면서 연속적으로 가공하는 방법으로 두 가지 방식이 있다.

첫 번째 방법은 필요한 공정수만큼 범용 프레스 기계를 배치하고 프레스 라인을 통해 가공제품을 이송하면서 각 기계에서 작업하는 방법이며, 두 번째 방법은 전용 트랜스퍼 프레스를 사용하여 프레스에 가공공정에 상당하는 금형을 세팅하고 자동 이송장치로 재료를 이송하여 자동 가공을 하는 것이다. 그림 2.63은 트랜스퍼 금형의 실제 예이다.

그림 2.63 트랜스퍼 금형

트랜스퍼 금형의 특징은 다음과 같다.

〈장점〉

① 작업 안정성이 우수하다.

② 생산성이 높고 작업능률이 좋다.

③ 무인화 또는 작업 인원 감소가 가능하다.

④ 재료비를 절약할 수 있다.

⑤ 설치공간을 절약할 수 있다.

⑥ 프레스 작업에 숙련을 필요로 하지 않는다.

〈단점〉

① 기계설비의 초기 투자비가 높다.

② 금형 제작비가 비싸다.

③ 트랜스퍼 장치의 예측 못한 현상의 발생 소지가 높다.

④ 위치결정 · 분리 · 스크랩 처리 등에 세심한 주의를 요한다.

⑤ 제품설계에서부터 가공성 검토가 필요하다.

⑥ 금형의 내구성과 보수 및 정비에 주의를 요한다.

프로그레시브 가공은 일반적으로 6~8공정으로 공정수가 제한되지만 트랜스퍼 가공은 10공정 이상도 가능하며, 각 공정이 독립적으로 제품 형상에 큰 제약이 없으며, 재료 이용률도 우수하다. 그러나 가공속도는 프로그레시브 가공에 비해 느리고 설비비가 매우 비싸다.

7 간이 금형 및 범용 금형

7.1 간이 금형

1) 게이지강판 금형

오래 전부터 간이 금형제작에 사용된 방법으로서, 3~6mm의 게이지강판(STC5 또는 STS3 상당)을 잘라내어 그림 2.64와 같이 간단한 홀더에 용접 또는 나사로 부착하여 다이를 제작한다.

이 금형은 대부분 수작업을 통해서 다이를 제작하고 또한 절단날의 경우도 다듬질한 후 화염경화(flame hardening)로 담금질하기 때문에 다이의 정밀도는 떨어진다. 그리고 블랭킹하는 재료의 판두께는 0.6mm~1.2mm 정도가 적당하다.

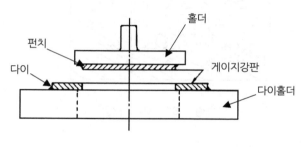

그림 2.64 게이지강판 금형

2) 스틸룰 금형

(1) MVC 금형

이 금형은 영국의 Metropolitan Vickers사와 William Crosland사가 공동개발한 것으로 두 회사의 머릿글자를 따서 MVC 금형이라 부르고 있다. MVC 금형은 금형본체를 적층 강화목으로 구성하고 절단날부를 띠강(steel band)으로 만든 것이다. 그림 2.65는 MVC 금형의 예이며, 스트리퍼와 녹아웃은 고무재료를 사용하였다. 블랭킹할 때 가공력이 커지면 수평분력도 커지게 되고 이에 따라 칼날을 지지하는 적층강화목 부분이 압축변형되어 클리어런스가 자동적으로 조절된다.

MVC 금형은 제작비가 싸고, 제작기간이 짧으므로 시험제작이나 소량생산에 적합하지만, 다이의 수명이나 제품의 정밀도는 약간 뒤떨어진다. 또한 블랭킹할 수 있는 재료의 두께는 3.2mm 정도까지이다.

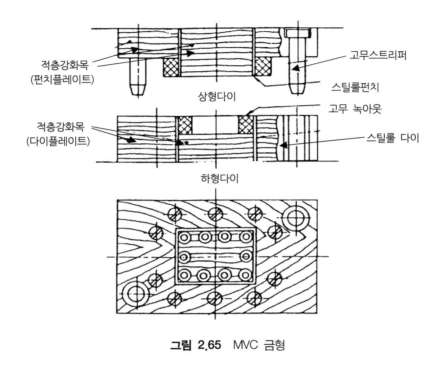

그림 2.65 MVC 금형

(2) 템플릿 다이(Template die)

금형의 상형은 MVC 금형과 거의 동일하게 제작하며, 상형을 완성한 후 하형의 공구강에 상형을 눌러 자국을 낸 뒤 윤곽절삭을 하여 하형을 가공한다.

띠강은 MVC 금형보다 두꺼운 것을 사용하고 하형은 공구강으로 제작하여, 금형의 강성과 내구성이 우수하고 가공 정밀도가 좋다. 금형에 클리어런스가 적당하게 고려되어 있어야 하며, 블랭킹할 수 있는 판두께는 6mm 정도까지이다. 그림 2.66은 템플릿 금형을 나타낸 것이며, 금형 비용은 MVC 금형보다 비싸다.

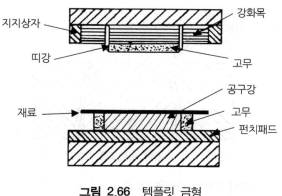

그림 2.66 템플릿 금형

(3) 벤딕스 다이

벤딕스 다이의 구조는 그림 2.67과 같으며, 템플릿 형식과 유사하다. 상형의 스틸룰(steel rule)을 전극으로 방전가공하여 하형 측에 펀치를 제작하여 금형을 완성한다.

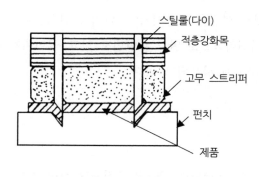

그림 2.67 벤딕스 다이

3) 윤곽가공기에 의한 금형

이 금형은 윤곽가공기(contour machine)로 두꺼운 판재를 윤곽에 따라서 정확하게 잘라내어 펀치와 다이를 동시에 제작한 것이다. 절단 시 그림 2.68과 같이 판재의 중앙부의 두께를 정확한 치수로 하고 경사지게 절단하여 다듬질 여유를 준다. 윤곽가공에 의해 두 부분으로 나누어진 재료를 열처리하고 다듬질을 해주면 적당한 클리어런스가 확보되어 펀치와 다이로 사용할 수 있으며, 또 어느 정도 양산에 가능한 금형이 된다.

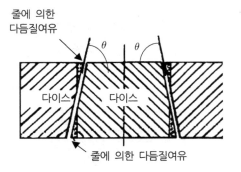

그림 2.68 윤곽절삭으로 펀치와 다이 가공

4) 아연합금 금형

아연합금 금형은 펀치를 모형으로 사용하여 이에 대응하는 다이를 아연합금으로 제작한 것이다. 공구강으로 만든 펀치를 다이 상자의 가운데에 놓고 용해 아연합금(420∼450℃)을 다이에 주입하고 아연합금이 완전히 냉각되기 전에 펀치를 빼내고 다이를 급냉해서 아연합금의 기계적 성질을 향상시키며, 다이를 완성한다.

펀치와 다이 양쪽을 아연합금으로 만드는 방법도 있고, 금형비가 저렴하여 시험제작이나 소량생산용 드로잉 다이에 사용되고 있다.

7.2 범용 금형

범용 금형은 전체 또는 그 일부가 교체 및 조정 가능하며 호환성을 갖고 있기 때문에 치수나 형상이 다른 부품도 가공할 수 있다.

범용 다이 자체의 제작비는 비싸지만, 여러 제품의 가공에 사용할 수 있으며, 작업 교체 비용을 전체 금형 제작비에 포함해서 단가계산 하면 제품비에 가산되는 금형비는 싸게 된다.

1) 만능 다이(Universal die)

만능 다이는 그림 2.69과 같은 구조를 갖고 있다. 펀치와 다이의 교체가 가능하고 소재의 위치결정을 하는 게이지 플레이트를 조정할 수 있어 치수, 형상 및 위치가 다른 구멍뚫기와 절단가공 등을 할 수 있다.

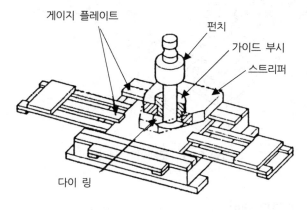

그림 2.69 만능 다이

2) 펀치 세트(Punch set)

펀치 세트는 C형 프레임의 홀더에 펀치와 다이를 쉽게 교환 및 장착을 할 수 있도록 되어 있다. 홀더의 밑면에는 그림 2.70에서와 같이 파일럿 핀이 펀치와 다이의 중심선 상에 있기 때문에 다이의 중심 조정이 불필요하다.

펀치 세트와 그림 2.71의 로케이터 테이블(locator table)을 같이 사용하면 만능 다이 의 기능을 갖는다.

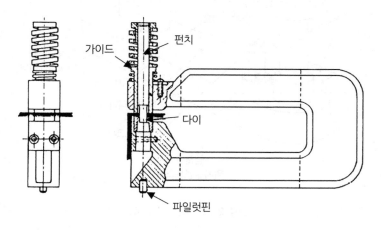

그림 2.70 펀치 세트

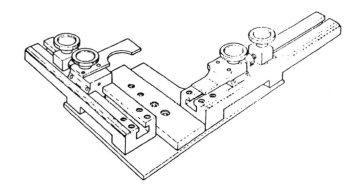

그림 2.71 로케이터 테이블

3) 마그나 다이(Magna die)

마그나 다이는 그림 2.72와 같이 다이세트에 펀치와 다이를 조립하는 구조로 제작된다.

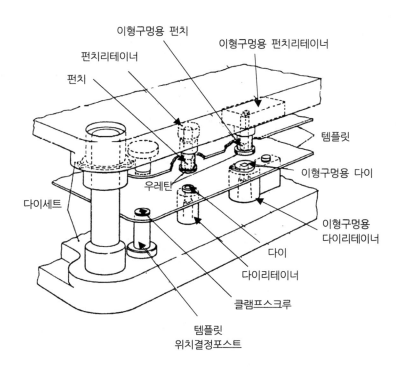

그림 2.72 마그나 다이

정밀하게 제작한 펀치 및 다이를 다이세트에 조립할 때 위치 결정을 위해서 상하 2장의 템플릿(template)을 사용한다. 템플릿은 2장을 겹쳐서 동시에 가공하기 때문에 펀치와 다이 각각 상호간의 피치오차는 생기지 않는다.

부품은 시스템화되어 있어, 여러 가지 기구의 금형으로 변경할 수 있다. 5~6종류의 다이를 제작하다보면 여러 부품들이 사용되기 때문에 이후의 신규 다이를 설치하는데 약간의 부품을 추가 보충하면 필요한 다이가 제작되는 이점이 있고, 납기 및 비용적으로 매우 유리하다. 또 가공 완료 후에는 다이를 분해해서 관리할 수 있기 때문에 보관이 용이하다.

8 플라스틱 금형

8.1 플라스틱의 종류

플라스틱은 크게 열가소성 플라스틱과 열경화성 플라스틱의 두 종류로 구분한다. 열가소성은 가열을 해도 합성물이 화화적으로 변하지 않기 때문에 재가열하여 반복적으로 사용 가능하나, 열경화성은 큐어링(curing)시 화학적 변화가 일어나 처음 물질과는 다른 새로운 합성물이 되고 재가열하면 연화되지 않고 대부분 분해되거나 증발해 버린다.

(1) 열가소성 플라스틱(Thermoplastics)

열가소성 플라스틱은 열을 가하면 유동상이 되고 냉각하면 고체상태가 되는 고분자 수지이다. 온도를 높여 계속 가열하면 열분해되는데, 열분해를 일으키지 않는 범위 내에서는 가열하면 연화·유동하고, 냉각하면 고체상태로 돌아가는 반복이 몇 번이라도 가능한 가역적인 반응을 한다. 따라서 열가소성 플라스틱으로 만든 제품은 분쇄하면 성형재료로 재사용이 가능하다. 열가소성 플라스틱은 구조에 따라 결정성과 비결정성 두 종류가 있는데 결정성 수지는 비결정성에 비해 내마모성, 마찰특성, 피로특성 등이 우수하나 용융되었다가 응고할 때에는 결정화에 따른 용적 감소, 즉 결정 수축으로 수축률이 커진다.

한편, 비결정 수지는 응고시 굽힘이나 뒤틀림 변형이 결정성 수지의 경우보다 작으며, 수축률도 매우 작다. 많이 사용되고 있는 열가소성 플라스틱 중 아세탈수지, 나일론 등은 결정성이고 폴리카보네이트, ABS수지 등은 비결정성 수지이다.

(2) 열경화성 플라스틱(Thermosetting plastics)

열경화성 플라스틱은 열을 가하여 경화 성형하면 고분자의 중합체 구조가 망상의 블록 모양으로 조합 또는 가교된다. 일단 경화된 뒤에는 다시 열을 가해도 원래상태로 돌아가지 않는다. 열결화성 수지는 열가소성 수지보다 열에 강하고 화학적으로 안정성이 우수하다. 폴리우레탄, 멜라민수지, 에폭시수지, 페놀수지 등이 대표적인 열경화성 수지이다.

플라스틱 중에서 기계 부품이나 구조재료 등 공업용 재료로 사용하는 수지를 엔지니어링 플라스틱(engineering plastic)이라고 한다. 엔지니어링 플라스틱은 엔플라 또는 EP라고도 하며, 기계적 강도와 내열성 및 내마모성 등이 뛰어나 자동차를 비롯하여 여러 가지 기기에 사용되고 있다.

엔지니어링 플라스틱의 종류와 주요 성질은 다음과 같다.

① 폴리아미드(PA : Polyamide)
- 나일론6, 나일론66가 대표적이다.
- 표면 경도, 굽힘강도, 내알칼리성이 우수하다.
- 자기소화성이 있고 흡습성이 크다.

② 폴리아세탈[POM : Polyoxymethylene (Polyacetal)]
- 내피로성, 마찰특성, 자기 윤활성이 좋다.
- 가연성, 내후성은 좋지 않다.

③ 폴리카보네이트(PC : Polycarbonate)
- 내열성, 내피로성이 좋다.
- 투명도가 양호하나 내용제성이 부족하다.

④ 폴리페니렌 옥시드(PPO)(변성 PPO)
- 내열성, 치수 안정성, 가공성, 전기 특성이 좋다.
- 내용제성이 부족하다.

⑤ 폴리브티렌 테레프타레이트(PBT)

• 저흡수성, 치수 안정성, 내마모성이 좋다.
• 강산 · 강알칼리에 침범된다.

8.2 사출성형 금형(Injection mold)

열가소성 플라스틱 제품은 대부분 사출성형에 의해 제작된다. 사출방식은 플런저식과 스크루식 두 가지 방식이 사용되고 있다. 그림 2.73은 플런저식 사출성형을 나타낸 것이다. 호퍼(hopper)에 공급된 입상(粒狀) 재료는 플런저에 의해서 가열실로 보내져 용융된다. 용융된 플라스틱은 가열실 끝에 있는 노즐을 통해 금형 캐비티에 고압으로 압입된다. 금형 내의 플라스틱이 냉각해서 굳으면 금형이 열리고 제품이 배출된다. 플런저 (plunger) 방식은 소형으로 고속 사출성형이 가능하다. 그림 2.74는 스크루(screw) 방식을 나타낸 것인데, 스크루식은 가소화 능력이 크며, 재료의 혼련이 용이하고, 유동성이 나쁜 재료도 쉽게 성형할 수 있는 장점이 있다.

사출성형 금형은 고정측 형판과, 가동측 형판의 맞춤면 내부에 제품을 성형하기 위한 캐비티(공동)를 설치한 것이다. 그림 2.75에 가장 표준적인 사출성형 금형의 구조와 각 부품의 명칭을 나타내었다.

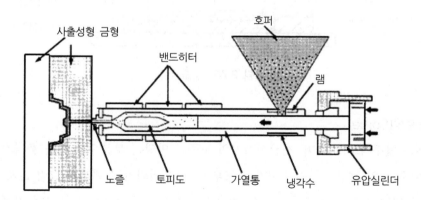

그림 2.73 플런저식 사출성형

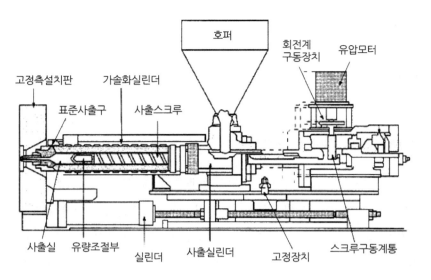

호퍼

회전계
구동장치

유압모터

고정측설치판 · 표준사출구 · 가솔화실린더 · 사출스크루

사출실 · 유량조절부 · 실린더 · 사출실린더 · 고정장치 · 스크루구동계통

그림 2.74 스크루식 사출성형

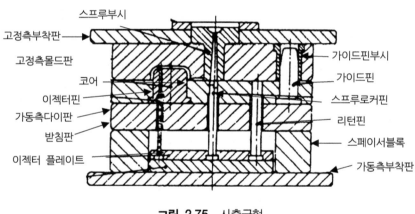

스프루부시

고정측부착판

고정측몰드판

코어

이젝터핀

가동측다이판

받침판

이젝터 플레이트

가이드핀부시

가이드핀

스프루로커핀

리턴핀

스페이서블록

가동측부착판

그림 2.75 사출금형

(1) 스프루(Sprue)

스프루는 탕구라고도 하며, 사출성형기의 노즐과 맞닿는 부분으로 용융 플라스틱이 금형에 들어오는 입구이다. 용융수지가 스프루에 잘 유입되기 위해서는 그림 2.76(a)와 같이 노즐과 맞닿아 있는 스프루 부시의 라운드 R은 노즐의 r보다 약간 크게 하여 용융수지가 새지 않도록 해야 한다.

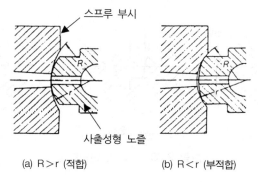

(a) R > r (적합)   (b) R < r (부적합)

그림 2.76 스프루와 사출기 노즐의 접합

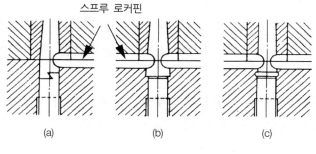

(a)   (b)   (c)

그림 2.77 스프루 로커핀의 형상

스프루 끝에는 스프루 로커핀(locker pin)을 설치하는데, 이것은 그림 2.77에 나타낸 것과 같이 여러 가지 형상이 있다. 스프루 로커핀은 사출성형이 끝나고 성형품을 금형에서 밀어낼 때 스프루 하단부를 가동측에 고정하여 스프루부가 금형에서 용이하게 빠질 수 있도록 해준다.

(2) 러너(Runner)

러너는 스프루를 통과한 용융수지를 캐비티로 유도하는 통로로서, 재료의 유동 상황에 따라 그 형상·치수를 결정한다. 그림 2.78은 여러 가지 러너의 단면 형상을 나타낸 것인데, 러너의 단면적은 재료의 유동성 측면에서 보면 큰 편이 좋지만, 냉각 시간이 더 많이 걸려 성형 사이클이 길어진다. 따라서 성형품의 가장 두꺼운 단면보다 두껍게 하지 않도록 해야 한다.

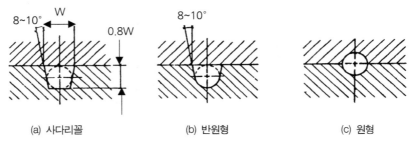

(a) 사다리꼴   (b) 반원형   (c) 원형

그림 2.78 러너의 단면형상

(3) 게이트(Gate)

게이트는 러너로부터 금형 캐비티 내로 주입되는 용융수지의 흐름을 제어함과 동시에 용융수지가 다이 내부에서 완전히 충진되고 완전히 고체 상태로 응고될 때까지 러너에 연결시키는 역할을 한다. 그리고 게이트는 성형품을 취출할 때 동시에 금형에서 추출한다.

게이트의 위치는 성형품에서 가장 살이 두꺼운 곳에 선정하는 것이 좋고, 용융수지가 캐비티의 각 부에 충분히 도달할 수 있는 위치에 선정한다.

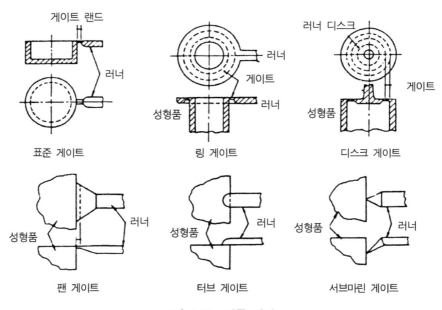

표준 게이트   링 게이트   디스크 게이트

팬 게이트   터브 게이트   서브마린 게이트

그림 2.79 각종 게이트

게이트의 크기가 너무 작으면 제품에 사출 거스러미가 생기고, 반대로 너무 크면 게이트 주변에 잔류응력이 발생해서 제품에 변형이나 크랙을 발생시킨다. 그림 2.79에 각종 게이트의 예를 나타내었다.

8.3 압축성형 금형(Compression mold)

압축성형은 정해진 양의 재료를 금형의 캐비티에 넣고 가열, 가압시켜 금형의 세부까지 재료를 충만하게 해준 후 완전히 경화된 후에 몰드를 열고, 이젝터 핀을 이용하여 성형품을 꺼낸다.

압축성형은 주로 열경화성 플라스틱의 성형에 사용되고 있다. 열가소성 플라스틱도 압축성형할 수는 있는데, 매 회 작업할 때마다 금형을 냉각해야 하므로 가공능률이 현저하게 저하되어 실제 적용은 어렵다.

압축성형 금형의 캐비티 구조는 그림 2.80에 나타낸 것과 같이 평압몰드, 압입몰드, 반압입몰드의 3가지 형식이 있다.

평압몰드는 가장 일반적인 구조로 상하 맞춤면에 여분의 플래시가 흘러나오도록 되어 있다. 압입몰드는 몰드 플레이트에서 가해지는 가압력의 전부가 성형 압력으로 재료에 유효하게 가해지므로, 일반적으로 밀도가 높은 제품을 얻을 수 있다. 또, 깊이가 깊은 제품의 성형, 흐름이 나쁜 재료의 성형에 적합하다.

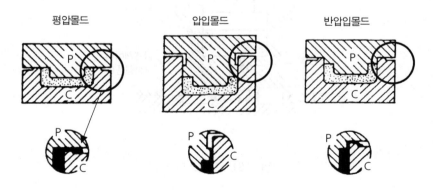

그림 2.80 압축성형 금형의 형식

그러나 성형 재료의 계량이 정확하지 않으면 가공 방향의 정밀도가 나오지 않는 단점이 있다. 이와 같이 평압몰드와 압입몰드는 일장일단이 있는데 양쪽의 장점을 살린 것이 반압입몰드이다.

8.4 트랜스퍼 금형(Transfer mold)

트랜스퍼 성형은 이송 성형이라고도 하며, 열경화성 플라스틱의 성형 능률과 품질 향상을 목적으로 고안된 성형법이다. 그림 2.81은 트랜스퍼 성형을 나타낸 것으로 성형 재료를 금형 위에 설치된 가소화실에 넣고, 연화 온도까지 가열해서 가소화하여 이것을 플런저로 밀폐된 금형 속에 압입해서 경화한다. 트랜스퍼 성형은 살이 두꺼운 성형품이라도 중심부까지 잘 경화된 제품을 얻을 수 있다.

트랜스퍼 금형은 그 성형 방식에 따라서 그림 2.82에 나타낸 것과 같이 포트식, 부동식(浮動式) 및 프레셔식이 있다. 포트식은 몰드만으로 구성되어 간단하고 값이 싸며, 소형품의 소량생산에 적합하다. 부동식은 고정 몰드판에서 성형 재료 주입실이 설치되어 있는데, 재료의 잔류손실이 많아 대형품 생산에 적합하다. 프레셔식은 보조 램을 부착한 다이로, 고능률 생산이 가능하고, 재료 손실이 적어 소형품의 대량 생산에 적합하다.

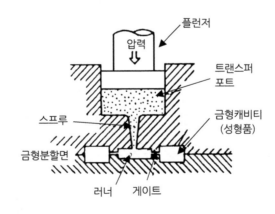

그림 2.81 트랜스퍼 성형

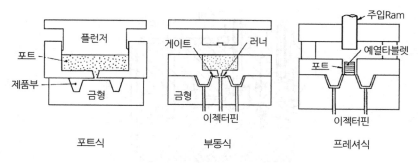

포트식   부동식   프레셔식

그림 2.82 트랜스퍼 금형의 방식

8.5 압출성형 금형(Extrusion mold)

압출성형은 성형 재료를 가열 히터가 설치된 실린더 속에서 열을 가하고 가소화시킨 후 스크루에 의해 다이 구멍으로 압출시켜 다이의 구멍 형상과 동일한 형상의 길이가 긴 성형품을 제작하는 방법이다. 그리고 압출 시 중심부에 전선을 삽입해 주면 전선 피막을 만들 수 있고, 가늘고 긴 립(lip) 틈새로 압출시키면 필름 형태의 성형품을 만들 수도 있다.

압출성형은 단면이 일정한 봉이나 파이프 등의 성형품만 제작 가능하기 때문에, 응용 범위는 제한되지만, 성형작업이 연속적이고 능률적이다. 그림 2.83은 압출성형의 원리를 나타낸 것이며, 그림 2.84는 시트용의 대표적인 압출성형 다이 단면도로, 선단의 립으로 시트의 두께를 조정하고 립과 매니홀드와의 사이에 있는 조정바로 폭방향의 유량이 균일하게 되도록 조절한다.

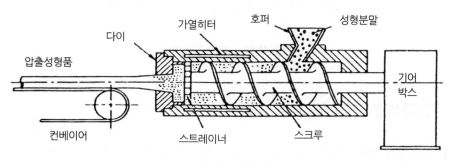

그림 2.83 압출성형

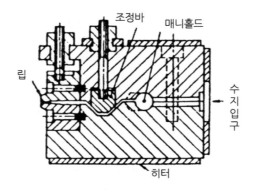

그림 2.84 시트용 다이

8.6 불어넣기 금형(Blow mold)

그림 2.85는 불어넣기 성형을 나타낸 것이다. 불어넣기 성형은 압출성형법을 응용한 것으로서, 파이프 모양으로 압출된 성형품의 일부분을 밀폐된 금형 사이에 끼워 넣고, 성형품 내부에 압축공기를 불어넣어 재료를 팽창시켜, 금형 내면에 고착시켜 성형하는 방법이다. 이 방법은 폴리에틸렌, 폴리프로필렌 등을 사용해서 병, 용기류 등을 만드는데 널리 사용된다.

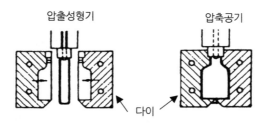

그림 2.85 불어넣기 성형

8.7 진공성형 금형(Vacuum mold)

열가소성 플라스틱 시트를 기밀이 유지되는 상자에 고정하고, 시트를 가열해서 가소화 시킨 후 상자 하부의 다이에 뚫린 배기구멍으로 공기를 뽑아내어 진공을 만들어 주면 시트는 다이 쪽으로 빨려 들어가 압착되어 성형이 된다. 진공성형은 비교적 저렴한 설비비용으로 대형 성형품을 얻을 수 있기 때문에 경질염화비닐, 폴리에틸렌, 폴리스티렌, 아세틸셀룰로오스 등의 시트류 성형에 널리 사용되고 있다.

그림 2.86(a)의 스트레이트법은 간단한 진공성형 방법이며, (b)의 드레이프(drape)법은 깊은 드로잉하는 경우 두께가 불균일해질 수 있기 때문에 예비신장을 해서 두께를 일정하게 성형하는 방법이다.

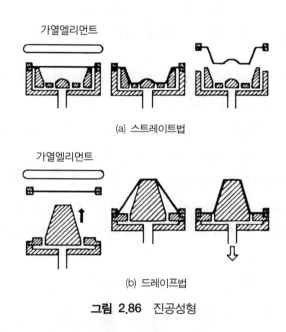

(a) 스트레이트법

(b) 드레이프법

그림 2.86   진공성형

9   다이캐스팅 금형

9.1   다이캐스팅 개요

다이캐스팅(die casting)은 용융금속을 대기압 이상의 압력으로 금형에 고속으로 압입하는 주조법이다. 다이캐스팅은 비철금속을 정밀하게 대량생산하는 주조법으로 자동차 부품, 정밀기계 부품, 전기ㆍ전자 부품 등의 생산에 널리 사용된다.

다이캐스팅의 특징을 요약하면 다음과 같다.

① 주물의 정밀도가 크고 표면이 깨끗하다.

② 주물의 조직이 치밀하고 강도가 크다.

③ 얇고 형상이 복잡한 제품을 만들 수 있다.

④ 가공속도가 빨라 대량생산에 적합하다.

⑤ 금형과 장비의 가격이 고가이다.

⑥ 용해온도가 1,000℃ 이하인 비철금속에 적합하다.

⑦ 금형의 크기와 구조에 제한이 있으며, 대형주물에는 적합하지 않다.

다이캐스팅 머신은 용융금속의 공급방법에 따라 냉가압실(cold-chamber)식과 열가압실(hot-chamber)식 두 종류가 있다. 냉가압실식은 그림 2.87과 같은 구조로 외부에서 금속을 용해하여 레이들(ladle)로 기계에 주입하는 방식으로 용융온도가 비교적 높은 알루미늄 합금, 마그네슘 합금, 황동 등의 주조에 사용된다.

열가압실식은 냉가압실식과 기본적인 구조는 동일하나 추가로 금속을 용해할 수 있는 설비가 기계에 설치되어 있다. 따라서 기계에 설치된 용해실에서 금속을 용해하여 다이에 바로 주입하는 방식으로 용융온도가 낮은 아연, 주석, 납 합금 등의 주조에 사용된다.

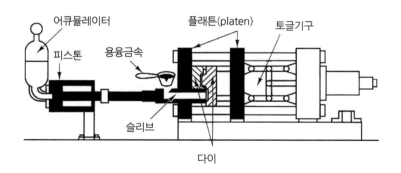

그림 2.87 냉가압실식 다이캐스팅 머신

다이캐스팅에 다용되는 금형은 구조에 의해서 분류하면 조각 금형, 인서트 금형 및 유닛 금형으로 나눌 수 있다.

9.2 일체형 금형

일체형 금형은 조각금형이라고도 하며, 한 쌍의 다이블록에 직접 캐비티를 가공한 금형으로 구조는 그림 2.88과 같다. 대형 금형은 가공이 용이하지 않고 열처리가 곤란하기 때문에 일체형으로 제작하기 어렵고, 주로 소형의 금형에 일체형이 사용된다.

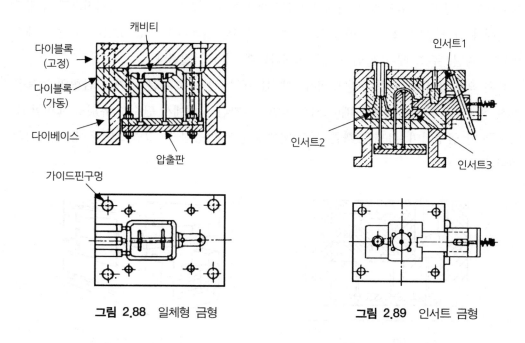

그림 2.88 일체형 금형   그림 2.89 인서트 금형

9.3 인서트 금형

인서트(insert) 금형은 그림 2.89에 나타낸 것과 같이 다이블록에 직접 캐비티를 가공하지 않고, 인서트에 캐비티를 따로 가공해서 이것을 몰드베이스에 끼워넣어 만든 금형이다.

용융금속과 직접 접촉하는 부분인 인서트, 코어, 스프루 등은 다이스강을 사용하여 제작하고, 몰드베이스 등은 탄소강으로 제작하면 금형 비용을 절감할 수 있다. 그리고 금형을 분할하여 가공하는 것이므로 제작을 분담할 수 있고 열처리 시에 변형이 작아진다. 다이캐스팅에 사용하고 있는 금형의 대부분은 인서트 형식이다.

유닛 금형

유닛(unit) 금형에는 공통 몰드베이스 금형과 좁은 의미의 유닛 금형이 있다. 공통 몰드베이스 금형은 표준의 몰드베이스를 만들어 놓고 여기에 장착할 수 있는 인서트를 설계하여 사용하든지 혹은 제품의 종류별로 표준적인 주형을 제작해 사용한다. 인서트를 교환해도 정밀도를 유지하기 위해서는 몰드베이스와 인서트가 각각 독립적으로 정밀도 유지해야 한다. 그림 2.90은 공통 몰드베이스 금형의 일례를 나타낸 것인데, 금형의 제작비는 싸지만, 주조 때마다 인서트를 교체하는데 시간이 걸린다.

좁은 의미의 유닛 금형은 몰드베이스에 삽입하는 인서트 부분을 거의 금형의 기능을 가진 유닛으로 제작하여 몰드베이스는 기계에 부착한 상태에서 단순히 유닛을 교환할 수 있도록 한 금형이며, 유닛은 빠른 시간 내에 교환이 가능하다. 그림 2.91은 유닛 금형의 예이다.

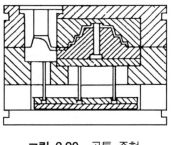

그림 2.90 공통 주형

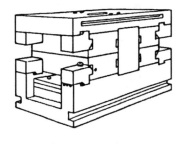

그림 2.91 유닛 금형

10 주조 금형

10.1 중력주조용 금형

금형을 사용한 주조 방식은 주형에서 제품을 추출할 때 주형의 원형이 손상이 없으므로, 주형을 반복적으로 사용하여 주물을 제작한다.

중력 주조법은 중력을 이용해서 금형 내에 용융금속을 공급하는 주조법이다. 주조작업의 순서는 우선 금형을 예열하고 금형 내면에 도형재를 도포한다. 그 다음 금형을 용탕 주입 온도로 가열한 후, 금형을 꽉 조이고 용융금속을 주입한다. 그리고 금속이 응고하면 금형을 개방하고 제품을 꺼낸다. 첫 번째 작업 이후 금형은 충분히 가열되어 있기 때문에 예열은 필요 없다.

금형의 구조는 수동형과 주조기용 금형으로 크게 나눌 수 있다. 전자는 전후 또는 상하의 몰드를 꽉 조이는 기구가 따로 설치되어 있고, 후자는 주조기의 개폐에 의해 몰드의 조임이 이루어진다. 주물제품을 꺼내기 위해서 금형을 분할하여 개방해야 하는데, 금형의 분할 방식은 그림 2.92에서와 같은 3종류가 사용되고 있다.

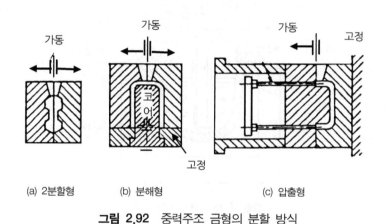

(a) 2분할형   (b) 분해형   (c) 압출형

그림 2.92 중력주조 금형의 분할 방식

10.2 저압주조용 금형

저압주조(low pressure casting)는 그림 2.93에 나타낸 것과 같이 금형 하부에 용탕이 위치하고 공기나 불활성가스를 0.1MPa 정도의 저압력으로 용탕 표면에 가하여 중력과 반대 방향으로 쇳물을 밀어 올려 금형에 주입하는 주조법이다.

저압주조법은 중력주조법과 비슷하지만, 중력의 반대 방향으로 주입하고 주입속도를 제어할 수 있는 장점이 있다. 일정시간 가압한 후 압력을 제거하면 주형 내의 용융금속은 응고되지만 탕구 이하에 있는 용융금속은 도가니 안으로 떨어진다. 그리고 용융금속이 도가니 안에서 직접 금형으로 주입되므로 용융금속의 산화가 거의 없다. 또 중력주조와는 달리 탕구나 압탕이 필요 없어 용융금속이 크게 절약된다. 저압주조의 주조수율은 90~98%로, 중력주조의 50~60%나 다이캐스팅의 75~80%보다 훨씬 높다.

주형은 금형을 주로 사용하지만 용도에 따라서 흑연주형, 셸주형, 탄산가스주형 등을 사용할 수 있다.

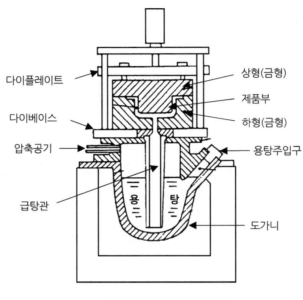

그림 2.93 저압주조 장치

10.3 셸주형용 금형

셸주형에서는 우선 제품의 형상을 두 부분으로 나누어 금형을 제작한다. 제품이 대칭형상일 경우에 금형은 하나만 제작하면 된다. 금형을 가열하고, 열경화성 수지를 섞은 모래를 덮어 일정시간 가열하면 셸(shell)이 형성된다. 이 셸을 조립하여 주형으로 사용한다. 열경화성 수지는 페놀수지를 주로 사용하고, 모래에 4~6%의 수지분말을 혼합한 것을 레진샌드(resin sand)라 한다.

셸주형법의 상세한 작업과정은 다음과 같다.

① 금형을 200~300℃ 정도로 가열하고 이형제를 금형 표면에 분사한다.

② 가열된 금형을 덤프박스(dump box)에 장착한다[그림 2.94(a)].

③ 덤프박스를 회전시켜 레진샌드로 금형을 덮어 일정시간 소결한다[그림 (b)].

④ 덤프박스를 반전하여 소결되지 않은 레진샌드를 제거한다[그림 (c)].

⑤ 셸이 형성된 금형을 오븐에서 큐어링(curing)한 후 셸을 분리한다[그림 (d)].

⑥ 셸의 상하형을 접착제나 클램프 등으로 체결한다.

⑦ 조립한 셸을 주조상자에 넣고 뒷면에 모래나 강구 등의 충진재로 고정하여 주형을 완성한다[그림 (e)].

셸주형법에서는 금형을 사용하여 동일한 주형을 용이하게 제작할 수 있으며, 주형의 품질도 매우 양호하고 균일하다. 이 방법은 주철, 주강, 비철합금의 정밀주조에 널리 사용되고 있으며, 그 특징은 다음과 같다.

① 주물의 정밀도가 높고 표면이 깨끗하다.

② 주형에 수분이 없고 주형이 얇아 통기성이 좋아서 기공이 발생하지 않는다.

③ 자동화하여 생산성이 좋고 대량생산에 적합하다.

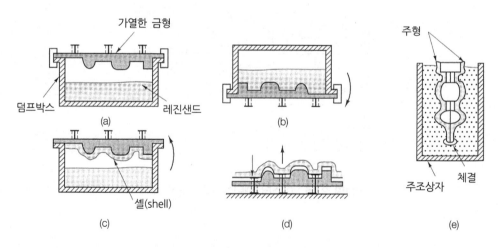

그림 2.94 셸주형법

10.4 인베스트먼트 주조용 금형

인베스트먼트(investment) 주조는 로스트 왁스(lost wax) 주조라고도 하며, 원형을 왁스 또는 플라스틱 등의 가용성 물질로 만든다. 그리고 이것을 내화물과 약품을 혼합한 특수한 성형 재료로 싸서 건조시키고, 굳으면 가열해서 속에 있는 원형의 왁스를 용해해서 유출시켜 주형을 완성한다.

왁스 또는 플라스틱의 원형을 만드는데 금형이 사용된다. 왁스 원형용 금형은 보통 그림 2.95에 나타낸 것과 같이 금형을 만들기 위한 모형(마스터 패턴)을 미리 만들어 놓고 이 모형을 이용해서 캐비티를 만들고, 거기에 왁스를 주입하여 완성시킨다. 플라스틱 원형의 경우 금형의 가공은 플라스틱 사출성형 금형과 같은 방법을 이용한다.

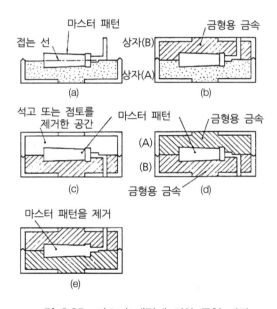

그림 2.95 마스터 패턴에 의한 금형 제작

11 단조 금형

11.1 단조 금형의 종류

단조(forging)는 대표적인 부피성형가공 방법으로 재료에 큰 타격을 가하여 재료의 형상을 변형시키는 작업이다. 가공온도에 따라서는 재료를 재결정온도 이상으로 가열하여 가공하는 열간단조, 상온에서 가공하는 냉간단조, 재결정 온도 이하로 가열하여 가공하는 온간단조로 구분된다. 소재의 형상변화가 큰 경우에는 대부분 열간단조 작업을 하고 있다.

재료에 하중을 가하는 방식은 순간적으로 타격을 가하는 방법과 가압하는 방법이 있는데, 전자에 사용되는 기계를 단조해머(forging hammer), 후자에 사용되는 것을 단조프레스(forging press)라고 한다.

단조에 사용되는 금형은 그림 2.96에 나타낸 것과 같이 크게 세 종류로 구분할 수 있다.

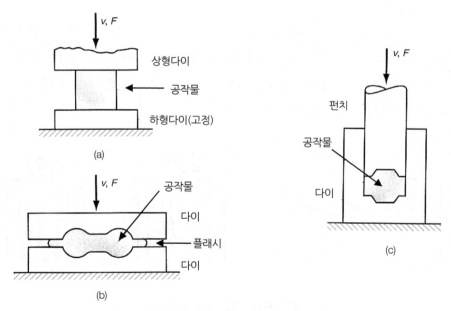

그림 2.96 단조 금형의 종류

그림 2.96(a)는 오픈 다이(open die)로 재료의 횡방향 변형을 구속하지 않는 방식이며, (b)는 임프레션 다이(impression die)로 다이에 의해 제품 형상이 구속되며, 다이의 상형과 하형 사이에 재료가 빠져나와 플래시(flash)가 생긴다. 한편, 그림 2.96(c)는 폐쇄 다이 단조로 플래시가 생기지 않으며, 이를 플래시리스 단조(flashless forging)라고 한다.

11.2 자유단조 다이

자유단조는 재료의 횡방향 변형에는 제약을 가하지 않고 재료를 타격하여 성형하는 가공방법으로 여기에 사용하는 다이를 오픈 다이라고 한다. 오픈 다이는 그림 2.97에 나타낸 것과 같이 평판이나 라운드 등의 간단한 형상으로 제작된다.

단조가공 시 해머는 단순히 상승과 하강을 반복하며 타격을 가하기 때문에 작업자가 공작물의 위치와 방향을 조정하여 원하는 형상으로 가공되도록 해야 한다. 그림 2.97(a)는 반경방향으로 타격을 가하여 축의 단차부를 가공하는 예이며, (b)는 링(ring) 형상을 가공하는 예이다.

자유단조는 형단조를 하기 전에 적당한 양의 재료를 각 위치로 분배하는 선행 작업으로도 많이 사용된다. 그림 2.98(a)는 풀러링(fullering)으로 볼록한 형상의 다이를 사용하여 재료를 바깥쪽으로 밀어내며, (b)는 에징(edging)으로 오목한 형상의 다이를 사용하여 재료를 가운데로 모아주는 작업이다.

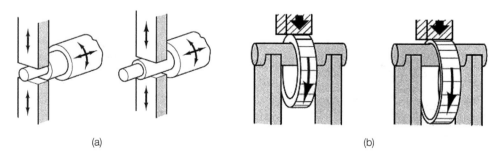

(a)   (b)

그림 2.97 자유단조용 오픈 다이(open die)

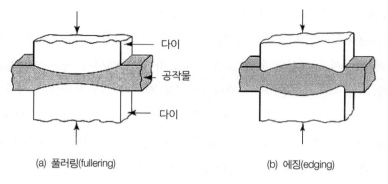

(a) 풀러링(fullering)　　　　　　　　(b) 에징(edging)

그림 2.98 풀러링과 에징

11.3 형단조 다이

형단조는 공작물을 한 쌍의 단조 다이 사이에 넣고 압축력을 가하여 다이의 캐비티 형상으로 제품을 제작하는 가공법으로, 여기에 사용하는 다이를 임프레션(impression) 다이 또는 폐쇄 다이(closed die)라고 한다. 형단조는 공작물을 구속하여 성형하기 때문에 능률적이고 대량생산에 적합하다. 그리고 형단조 제품은 치수 정도가 높고 재료의 조직이 섬유조직이고 치밀하여 인성이 우수하다.

그림 2.99는 형단조 가공과정을 나타낸 것이다. 형단조에서는 재료의 변형이 크기 때문에 대부분 열간작업을 한다. 재결정온도 이상으로 가열한 공작물을 다이에 넣고 상형을 하강하면 그림 2.99(b)와 같이 압축력에 의해 변형이 시작된다.

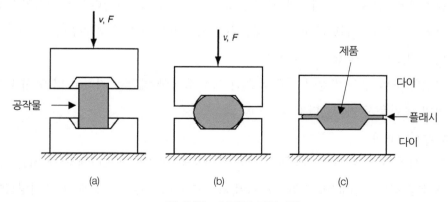

(a)　　　　　　(b)　　　　　　(c)

그림 2.99 형단조 가공과정

다이가 닫힘에 따라 그림(c)에서와 같이 재료 일부가 다이 사이로 유동되어 흘러나오는데 이를 플래시(flash)라고 한다. 플래시는 후속의 트리밍 공정으로 제거를 해야 하지만, 형단조에 있어서 플래시의 역할은 매우 중요하다. 플래시가 외주부에 형성되기 시작하면 마찰에 의해 금속이 다이의 틈새로 더 이상 빠져나가는 것을 방지한다. 그리고 열간단조에서는 플래시가 얇고 외주에 있기 때문에 급속히 냉각되어 다이 내에 있는 재료가 높은 압력을 받게 하고 캐비티에 차도록 한다. 임프레션 다이를 설계할 때에는 플래시가 생기는 것을 충분히 고려해서 설계를 해야 한다.

단조에서는 금형설계가 매우 중요하다. 그리고 단조부품은 단조 가공원리와 가공한계에 대한 지식을 기반으로 설계되어야 한다. 그림 2.100은 형단조 다이의 예이며, 다이 설계시 주요사항은 다음과 같다.

① 파팅라인(parting line)

다이의 상형과 하형이 만나는 면을 파팅라인 또는 형분할선이라고 한다. 파팅라인의 위치는 단조가공 시 재료의 유동, 단조 하중, 플래시의 형성 등에 큰 영향을 미친다.

② 드래프트(draft)

드래프트는 빼내기 기울기라고도 하며, 제품을 다이에서 빼내기 위해 측면에 주는 기울기이다. 알루미늄이나 마그네슘 합금은 3°, 강은 5°~7° 정도의 범위로 드래프트 각을 설계한다.

③ 웨브(web)와 리브(rib)

단조에서 웨브는 파팅라인과 평행한 얇은 부분, 리브는 파팅라인에 수직인 얇은 부분을 지칭한다. 웨브와 리브는 얇을수록 재료의 유동이 어려워진다.

④ 필릿(fillet)과 코너(corner) 반경

필릿과 코너 부의 반경이 너무 작으면 재료 유동에 제약을 가하고 단조 시 다이 표면의 응력을 증가시킨다.

⑤ 플래시(flash)

플래시의 형성은 다이 내부의 압력을 증가시켜 재료가 캐비티에 차게 하는 중요한 역할을 한다. 플래시랜드(flash land)와 거터(gutter)는 금형 내의 압력형성에 큰 영향을 미친다. 플래시는 거스러미, 플래시랜드는 거스러미 통로, 거터는 거스러미

실이라고도 한다.

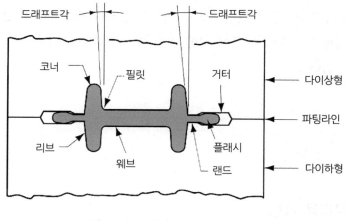

그림 2.100 형단조 다이

11.4 롤단조 다이

롤단조는 그림 2.101에 나타낸 것과 같이 길이가 긴 공작물을 한 쌍의 롤 사이에 통과
시켜 재료의 단면적을 성형하는 단조 작업이다.

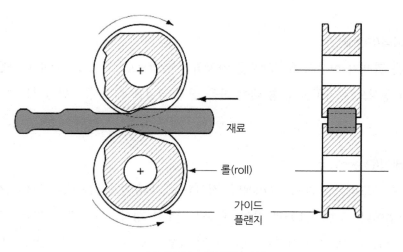

그림 2.101 롤단조 다이

롤은 원통뿐만 아니라 반원통 형상을 사용하기도 하며, 롤은 연속적인 회전이 아니고 성형에 필요한 부분만 회전시켜 작업한다. 그리고 공작물의 변형에 무리가 없도록 가공할 형상에 따라 다이를 여러 공정으로 나누어 설계하기도 한다. 롤단조는 주로 형단조품의 거친 성형에 사용하며, 롤에 의한 정적 압력 작용으로 가공하기 때문에 다이의 수명은 비교적 길다.

12 기타 금형

12.1 유리용 금형

유리는 비결정성 세라믹으로 기본성분인 실리카(SiO_2)에 다른 산화 세라믹을 첨가해 다양한 종류가 제작되고 있다. 유리는 특별한 제약 없이 다양한 형상으로 성형이 가능하다. 여기서는 유리 성형에 사용되는 금형에 대해서 살펴본다.

유리의 용해온도는 1,400℃ 이상의 고온인데, 성형작업은 1,200℃ 정도의 온도로 용융유리의 점성이 증가된 상태에서 행해진다. 이 때의 용융유리 덩어리를 곱(gob)이라고 한다.

(1) 스피닝(Spining)

스피닝은 깔때기 형상의 유리제품을 가공하는 방법으로, 그림 2.102에 나타낸 것과 같이 제품의 형상으로 가공한 금형 내에 곱을 넣고 금형을 회전시켜 원심력을 이용하여 성형한다.

(2) 프레싱(Pressing)

프레싱은 헤드라이트 렌즈, 유리패널, 접시류 등의 유리제품을 대량 생산하기 위해 사용되는 방법이다. 그림 2.103과 같이 제품의 밑부분 형상으로 몰드를 제작하고, 윗부분 형상으로 플런저 형상을 제작하며, 몰드 위의 곱을 플런저로 눌러 성형한다. 자동화가 용이한 방법으로 대량생산이 가능하다.

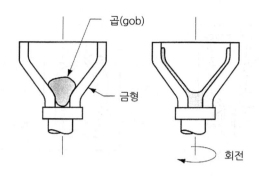

곱(gob)

금형

회전

그림 2.102 스피닝용 금형

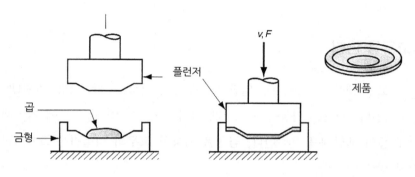

플런저

곱

금형

v, F

제품

그림 2.103 프레싱용 금형

(3) 블로잉(Blowing)

유리용기의 제작에 사용되는 방법으로 압축공기를 불어넣어 성형한다. 일반적으로 두 공정으로 작업이 이루어지며, 프레스-블로(press-blow)와 블로-블로(blow-blow) 두 가지 방식이 있다.

프레스-블로는 프레싱으로 용기의 1차 형상을 만든 후 블로잉하는 방식으로 용기의 입구가 큰 경우에 적합하며, 블로-블로는 블로잉 공정을 반복하여 형상을 성형하는 방식으로 용기의 입구가 좁은 경우에 적합하다.

그림 2.104는 블로-블로 공정을 나타낸 것이다. 1차 블로잉에서는 용기의 형상을 제품 형상에 가깝게 성형한 후 2차 블로잉에서는 용기의 형상을 완성한다. 1차와 2차 블로잉에 사용되는 금형은 서로 다르며, 2차 블로잉에서는 용기를 금형에서 빼낼 수 있도록 금형은 분할형으로 제작한다.

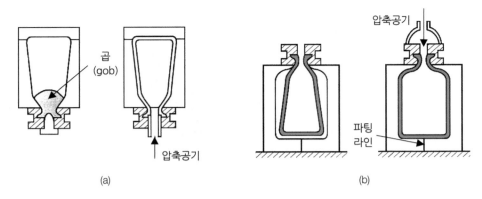

그림 2.104 블로-블로 금형

12.2 고무용 금형

생고무로 고무 제품을 만드는데, 일반적으로 예비 반죽, 혼합, 성형, 가황(加黃), 다듬질 공정을 거친다. 성형은 가공을 용이하게 하기 위해 가역화한 고무에 가황제, 촉진제, 노화방지제 등의 배합제를 혼합한다. 금형을 사용한 고무의 성형법은 크게 나누면 다음의 세 가지 방법이 있다.

(1) 압축법

압축법은 기본적인 고무 성형법으로 금형이 간단하고 성형도 용이하다. 그러나 정밀도는 떨어지기 때문에 제품의 치수 정밀도는 확보하기 어렵다.

그림 2.105(a)의 제품은 금형을 (b) 또는 (c)와 같이 제작하여 성형할 수 있다. 금형 (b)의 경우에는 파이프 모양 부분의 편심 불량이 많이 생기고, 더욱이 길이방향으로 플래시가 생기므로 외형을 진원으로 성형하기 어렵다. 금형 (c)의 경우에는 다이 속으로 고무 재료를 잘 밀어 넣기 어렵다.

(2) 트랜스퍼(transfer)법

트랜스퍼법은 간이 인젝션법에 해당되는데, 금형에 플런저와 포트를 설치하여 고무를 금형에 주입하거나 또는 주입기로 구멍 혹은 틈새를 통해 고무를 주입하여 성형하는 방법이다.

그림 2.106은 그림 2.105(a)의 제품에 대한 트랜스퍼법의 금형 구조를 나타낸 것이다.

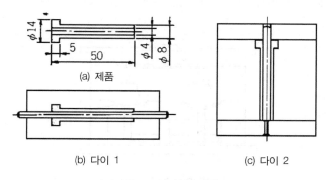

(a) 제품

(b) 다이 1

(c) 다이 2

그림 2.105 압축법의 금형 구조

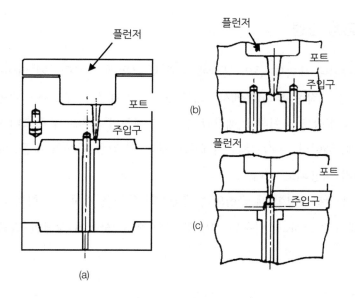

(a)

(b)

(c)

그림 2.106 트랜스퍼법의 형구조

(3) 인젝션(injection)법

인젝션법은 플라스틱의 성형법과 유사한 방법으로, 가동판과 고정판 체결기구 및 사출기구가 구비된 기계에 금형을 장착하여 성형한다.

금형 내에 있는 작은 안내구멍을 통해서 고무가 압입되며, 극히 단시간에 가황되기 때문에 대량 생산에 적합하다. 그림 2.107은 인젝션 금형의 예이다.

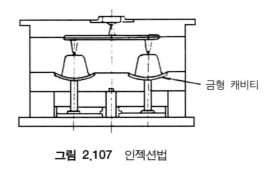

금형 캐비티

그림 2.107 인젝션법

12.3 분말야금용 금형

분말야금은 금속이나 세라믹 등의 분말에 점결제, 윤활제를 혼합시켜 다이에 넣고 가압 성형하여 형상을 제작한 후 고온에서 소결(燒結)하여 제품을 제작하는 가공방법이다. 분말야금은 복잡한 형상도 용이하게 제작할 수 있고 제품의 정밀도가 좋으며 대량생산에 적합하여 기어, 캠, 베어링, 부싱 등의 기계요소 부품 및 각종 자동차 부품, 다공질의 금속 가공 등에 널리 사용되고 있다.

분말을 금형에서 압축성형할 때 금형의 한쪽에서만 압력을 가하면 금형의 하부로 이동할수록 압축 효과가 감소하고, 압축된 분말의 상하 양끝 사이에 상당한 밀도차를 발생한다.

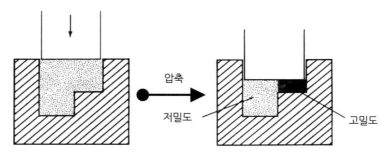

압축

저밀도

고밀도

그림 2.108 압축 시 밀도변화

그리고 그림 2.108과 같이 단차가 있는 제품은 압축시 분말의 가로방향 유동은 거의 없기 때문에 단순하게 펀치 하나로 압축하는 경우 두께에 따라 밀도에 큰 차이가 생긴다.

분말야금 제품은 그림 2.109에 예시한 것과 같이 금형에서 압축 시 쉽게 성형할 수 있는 형상인지 그리고 충분한 밀도로 성형할 수 있는지를 고려하여 설계하여야 한다. 그림 2.109(a)의 경우 왼쪽 그림처럼 제품 전체 형상을 분말야금으로 제작하는 것보다는 오른쪽 그림처럼 원통 형상으로 분말야금 한 후 기계가공으로 단차를 제거하는 것이 바람직하다. 그림(b)의 경우에는 수평방향 홈은 압축성형이 곤란하므로 홈 위치를 상부방향으로 설계해주는 것이 필요하며, (c)는 모서리에 필릿을 주어 제품을 설계하는 것이 분말야금으로 제작하기에 적합하다.

압축과정에서는 밀도의 균일화와 압축 효과를 좋게 하기 위하여 프레스기와 다이의 구조에 대해 여러 가지가 고안되어 있다. 압축방식에는 다음과 같은 방법들이 있다.

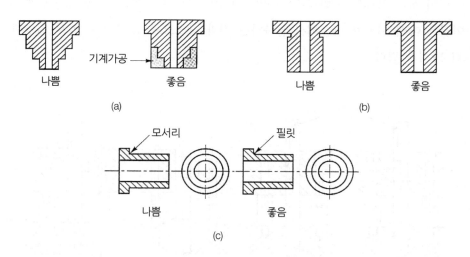

그림 2.109 분말야금 제품 설계 예

(1) 한쪽 누르기 방식

그림 2.110(a)에 나타낸 것과 같이 압력은 윗 펀치에서만 가하고 아래 펀치는 압축된 분말을 밖으로 밀어내는 역할을 한다. 압축된 분말의 상부와 하부의 밀도차가 커지기 쉬우므로 두꺼운 제품 제작에는 부적당하다.

(2) 양쪽 누르기 방식

그림 2.110(b)에 나타낸 것과 같이 먼저 윗 펀치가 내려오면서 분말을 압축하고 이에 따라 아래 펀치도 상승해서 양쪽에서 분말을 압축하는 형식이다. 상하에서 동시에 압축을 하기 때문에 밀도 분포는 비교적 균일하게 된다.

(3) 부양형 방식

그림 2.110(c)에 나타낸 것과 같이 이 방식은 상부 프레임이 스프링으로 지지되고 있다. 윗 펀치가 내려와서 분말을 압축하기 시작하면 분말과 금형벽 사이에 마찰이 발생하고 이 힘이 상부 프레임을 받쳐주는 힘에 이기면 상부 프레임은 윗 펀치와 함께 하강한다. 이것은 아래 펀치가 상승해서 압축하는 것과 같으므로 그 효과는 앞서 설명한 양쪽 누르기 방식과 같다.

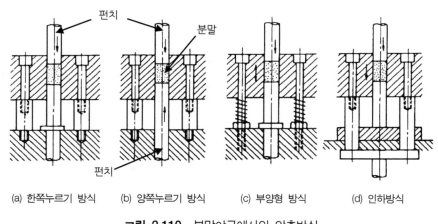

(a) 한쪽누르기 방식   (b) 양쪽누르기 방식   (c) 부양형 방식   (d) 인하방식

그림 2.110 분말야금에서의 압축방식

그러나 부양형 방식은 가압력이 위에서 아래로 한 방향으로 가해지며 분말재료의 압축 상황에 따라서 상하펀치가 움직이게 되므로 효과적으로 분말재료를 성형할 수 있으며, 특히 복잡한 형상의 성형에 유리하다.

(4) 인하 방식

그림 2.110(d)에 나타낸 것과 같이 상부프레임이 샤프트에 의해서 프레스 본체가 연결되어 있고, 가압 시에 윗 펀치와 연동해서 하강한다. 압축이 끝나면 프레임은 다시 한 번 하강하여 압축된 재료를 밀어낸다.

이 방식은 부양형 방식을 개량한 것인데, 양쪽누르기 방식과 함께 복잡한 형상, 특히 압축 방향의 단면에 변화가 많은 제품의 성형에 사용되고 있다.

3

금형재료

금형재료

1 금형재료의 종류와 선택

1.1 금형재료의 종류

금형이란 각종 소재를 소성(plasticity), 전연성(ductility), 유동성(fluidity) 등의 성질을 이용하여 동일한 규격의 제품을 성형, 가공하는 도구로 주로 대량생산에 이용되는 틀을 말한다.

여러 가지의 프레스 금형, 플라스틱 사출 금형, 단조 금형, 다이캐스팅 금형 등 금형에 따라 요구되어지는 특성이 여러 가지나 기본적으로는 오래 사용할 수 있는 특성이 요구되고 있다. 따라서 금형재료로서는 철강이 가장 많이 사용되고 있으며, 용도에 따라 비철합금이나 초경합금 혹은 유기재료, 무기재료도 사용된다.

표 3.1에 나타낸 바와 같이 다양한 종류의 금형만큼이나 여러 가지 금형재료가 사용되고 있으나 본 교재에서는 가장 일반적인 프레스 금형, 사출 금형, 단조 금형, 다이캐스팅 금형의 재료로 사용되고 있는 금형용 강재를 중심으로 설명한다.

1.2 금형재료의 선택

금형의 종류와 금형이 사용되어지는 조건에 따라 금형에 요구되어지는 특성이 달라지므로, 적절한 금형재료를 선택하여 금형을 제작하는 것은 금형의 성능과 수명에 직접적인 영향을 미치는 매우 중요한 문제이다.

금형이 냉간 가공용 금형인지, 열간 가공용 금형인지 혹은 내식성이 요구되는 금형인지에 따라서 적절한 강종이 달라지는 것이다. 일반적으로 금형재료를 선택할 때 고려해야 하는 사항으로는 다음과 같은 것들이 있다.

- 금형에 요구되는 특성
- 금형의 형상과 크기
- 가공되는 재료
- 가공되는 재료의 치수, 경도
- 생산 수량
- 사용기계의 정밀도, 강성(stiffness)
- 윤활(lubrication) 시스템

표 3.1은 금형 종류에 따른 대표적인 금형재료 및 성형재료를 나타낸 것이다.

표 3.1 금형 종류에 따른 대표적인 금형재료 및 성형재료

금형의 종류	성형방법	금형재료	성형재료
프레스 금형	전단 가공 굽힘 가공 드로잉 가공 압축 가공	합금공구강, 초경합금 합금공구강, 주철 합금공구강, 초경합금 합금공구강	금속 판재
플라스틱 금형	압축 성형 사출 성형 취입 성형 진공 성형	합금공구강 합금공구강 합금공구강, 주철 알루미늄 등	열경화성 수지 열가소성 수지 열가소성 수지 열가소성 수지
단조 금형	냉간단조 열간단조	냉간 공구강 열간 공구강	철계금속 비철금속

금형의 종류	성형방법	금형재료	성형재료
다이캐스팅 금형	용용 금속 성형 반용용금속 성형	내열용 강	아연합금 알루미늄합금 마그네슘합금 주석합금 등
주조 금형	저압주조 진공주조 압력주조	주철	알루미늄 등
분말성형용 금형	압축성형	합금공구강 초경합금	절삭공구 자석 등
고무용 금형	성형	강, 주철, 알루미늄 등	고무 합성고무 등
유리용 금형	압축, 취입성형	주철 또는 내열강	유리

보통 금형은 수많은 반복 사용을 전제로 하기 때문에 우선적으로 요구되어지는 특성은 내마모성(wear resistance)과 인성(toughness)이라고 할 수 있다. 이 중 내마모성은 금형의 수명에 직접적으로 영향을 미치는 특성이다. 내마모성을 나타내도록 하기 위해서는 금형의 경도를 높여야 한다. Archard의 이론에 의하면 재료의 마모량은 다음의 식으로 나타낼 수 있다.

$$W = k\frac{L \cdot x}{3H}$$

W : 마모량　　　　k : 상수
L : 하중　　　　　x : 마찰거리
H : 경도

따라서 탄소의 함유량을 높이고, 탄화물 형성원소인 W, Cr, Mo, V 등을 함유시켜 경도가 높은 탄화물이 많이 형성되도록 하여 금형의 경도를 높게 하는 것이 일차적으로 중요하다.

일반적으로 금형의 수명이 다하는 이유로는 마모에 따른 성능 저하와 균열의 발생에 의한 파괴가 주된 이유가 된다. 금형에 내마모성을 부여하기 위해서는 고급의 강재를 선택하여 경도와 인성을 동시에 추구하거나 표면처리를 적용하는 등 여러 가지의 대응책이 있다. 그러나 균열의 발생을 줄이기 위해서는 경도와 인성을 모두 향상시키는 것이 중요하지만, 다른 특성의 저하 없이 균열 저항성을 높이는 것은 상당히 어려운 일이다. 여러 종류의 금형이 구비해야 할 특성과 그에 따른 금형재료의 선택과 열처리 및 표면처리의 방법이 있으므로 이에 대한 자세한 것들은 각론에서 살펴보기로 한다.

1.3 프레스 금형재료

1) 프레스 금형재료의 개요

프레스 금형에 사용하는 재료는 강재, 주물, 비철합금, 초경합금, 플라스틱 등 그 종류가 다양하다. 이 같은 금형재료가 갖는 특성 또한 다르므로 금형재료에 요구되어지는 조건에 적합한 재료를 선택하는 것이 중요하다. 보통 금형재료에 요구되는 조건을 결정하는 두 가지가 있는데 하나는 금형으로 가공하는 제품의 수량이고, 다른 하나는 피가공재의 종류이다. 당연한 것이지만 생산해야 하는 수량이 많은 경우에는 내마모성이 우수한 고급재료를 사용하며, 생산량이 적은 경우에는 금형 제작비용을 낮추기 위해 재료비가 저렴한 것을 선택하여야 한다.

일반적으로 가장 많이 사용되는 프레스 금형재료는 강재이고, 요구되는 특성과 조건으로는 다음과 같은 것들이 있다.

① 내마모성이 우수해야 한다.

② 인성이 우수해야 한다.

③ 내피로성이 우수하고, 피로한이 높아야 한다.

④ 압축강도가 높아야 한다.

⑤ 내열성이 우수해야 한다.

⑥ 가공성이 우수해야 한다.

⑦ 열처리를 쉽게 할 수 있어야 한다.

⑧ 가격이 저렴하고, 구입하기 쉬워야 한다.

2) 프레스 금형재료의 종류와 특징

프레스 금형에 사용되는 금형용강으로는 탄소 공구강, 합금 공구강, 고속도강으로 크게 나뉜다. 탄소 공구강은 연질(軟質)의 소재를 사용하여 소량의 제품을 생산하는 경우에 일부 사용되며, 대량생산을 하는 경우에는 주로 합금 공구강이나 고속도강이 사용되고, 특별히 초대량 생산의 경우에는 초경합금이나 서멧(cermet)이 사용되기도 한다.

(1) 탄소 공구강

프레스 금형 재료로 사용하는 탄소 공구강은 탄소함유량이 0.6%~1.5%이며, STC1~STC7종이 있다. 탄소 공구강에서는 탄소의 함유량이 0.6% 이상이 되면 템퍼링(tempering) 경도가 거의 일정하지만, 탄소함유량이 적어지면 내마모성이 감소하는 반면에 내충격성은 증가한다. 또한 열처리할 때 균열발생의 위험과 치수변화가 크므로 복잡한 모양의 금형에는 적용하기가 어려워 단순한 형상의 금형에 사용되며, 다음과 같은 특성이 있다.

① 수냉에 의해 높은 경도를 얻을 수 있으며, 내마모성이 높다.
② 가격이 저렴하며, 기계적 가공성이 우수하다.
③ 수냉에 의한 퀜칭은 표면과 내부의 경도가 불균일하다.
④ 열처리 변형이 크며, 복잡한 형상일 경우 퀜칭균열이 발생하기 쉽다.
⑤ 경도가 높은 대신 취성이 있다.

탄소 공구강은 다이가공 후에 표면만 급냉시켜 퀜칭 경화시키고 주위의 부분은 공냉되게 함으로써 내부는 인성이 높고, 표면은 경도가 높은 금형을 쉽게 만들 수 있으므로, 연질 소재의 딥 드로잉(deep drawing) 금형이나 블랭킹(blanking) 금형으로 소량생산의 경우에 많이 사용된다. 프레스 금형에는 주로 STC3종이 사용되고, 내충격용으로는 STC5종이 사용된다. 표 3.2에는 프레스 금형에 사용되는 탄소 공구강을 나타내었다.

표 3.2 프레스 금형에 사용되는 탄소 공구강

재료기호 (KS)	열처리온도(℃)			경 도	
	어닐링	퀜칭 (수냉)	템퍼링 (공냉)	어닐링 (H_RB)	Q/T (H_RC)
STC3	750~780	760~820	150~200	<212	>63
STC4	750~780	760~820	150~200	<207	>61
STC5	750~780	760~820	150~200	<207	>59

※ Q/T는 퀜칭 후에 템퍼링을 한 것을 의미함.

(2) 합금 공구강

합금 공구강은 탄소 공구강의 결점인 경화능을 향상시키기 위하여 각종 합금원소를 첨가한 합금이다. 특히 Cr은 경화능(硬化能, hardenability)을 좋게 할 뿐 아니라 내마모성과 인성을 함께 향상시키므로 합금 공구강에는 반드시 함유되며, 합금되는 원소의 양에 따라 저합금 공구강과 고합금 공구강으로 나뉜다.

① 저합금 공구강

STS3 및 STS93(SKS2, SKS3)이 많이 사용되고, 펀치 및 다이용 금형재료로 널리 사용되는 재료이다. 퀜칭성(quenching ability)이 좋아 유냉을 하여도 충분히 경화하고, 비교적 열처리 저항성도 좋으며, 기계 가공성도 좋아 금형의 제작이 용이하다.

표 3.3 프레스 금형에 사용되는 대표적인 저합금 공구강

재료기호 (KS)	열처리온도(℃)			경 도	
	어닐링	퀜칭 (유냉)	템퍼링 (공냉)	어닐링 (H_RB)	Q/T (H_RC)
STS2	750~780	830~880	150~200	<217	>61
STS3	750~780	830~880	150~200	<217	>60
STS4	750~780	830~880	150~200	<201	>56

비철합금이나 연강 등 연질 소재의 블랭킹 또는 성형 금형에 많이 사용되며, 대형 금형의 경우에는 탄소 함유량이 적은 STS4를 사용하여 금형의 표면을 침탄경화 시킨 후 사용된다. 표 3.3에 프레스 금형재료로 사용되는 저합금 공구강의 대표적인 예를 나타냈다.

② 고합금 공구강

고합금 공구강은 다이스 강이라고도 불려지고 있는, 고탄소 크롬강(Cr-steel)이다. 탄소가 1.0~2.4%, Cr이 12~15%, 그밖에 Mo 1.0%, W 3.0%, V 0.4% 정도를 함유시켜 경화시키고, 내마모성과 내충격성, 열처리 특성을 높인 강이다.

양산용의 냉간 프레스 금형에는 STD11강이 가장 널리 사용되고 있으며, STD1과 STD12도 사용되고 있다. STD11강은 탄소와 크롬을 다량으로 함유하고 있으므로 퀜칭성이 좋아 공냉으로도 충분히 경화가 일어나므로 열처리 변형에 대한 염려가 적고, 내마모성과 높은 인성이 동시에 얻어지는 강이다. 표 3.4에는 프레스 금형에 사용되는 대표적인 고합금 공구강의 예를 나타냈고, 그림 3.1은 각종 공구강의 내마모성에 대한 실험 결과를 나타낸 것이다.

표 3.4 프레스 금형에 사용되는 대표적인 고합금 공구강

재료기호 (KS)	열처리온도(℃)			경 도	
	어닐링	퀜칭 (공냉)	템퍼링 (공냉)	어닐링 (H_RB)	Q/T (H_RC)
STD11	850~900	950~1000	150~200	<255	>61
STD1	850~900	930~980 (유냉)	150~200	<269	>61
STD12	850~900	1,000~1050	150~200	<255	>51

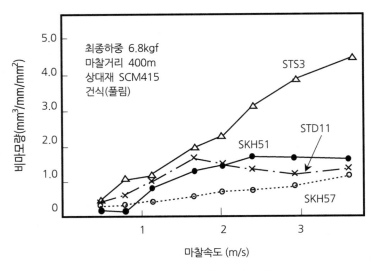

그림 3.1 각종 공구강의 내마모성 실험 결과

(3) 고속도 공구강 및 분말 야금 공구강

고속도 공구강은 SKH2를 대표로 하는 W계와, SKH51을 대표로 하는 Mo계가 있지만 인성의 측면에서는 Mo계가 우수하며, 따라서 주로 Mo계의 SKH51과 SKH57 등이 사용된다.

고속도 공구강은 내마모성, 인성이 우수하고, 템퍼링 온도가 높아서 비교적 고온에서도 그 특성을 잃지 않는다. 또한 내압축성이 크므로 가느다란 피어싱 펀치나 정밀 블랭킹 펀치용 재료로서 많이 사용되고 있다. 일반적으로 내마모성에는 강재의 경도 외에 탄화물의 종류, 양, 입도 및 분포 등이 영향을 미치며 동일 경도에서는 탄화물 양이 많을수록 내마모성이 크고 탄화물 입자가 미세할수록 좋다.

또한 금형의 내마모성은 가공 재료의 재질, 윤활 방법 등에 의해서도 영향을 받으며 저속에서는 경도, 고속에서는 탄화물 양의 영향을 크게 받는다. 따라서 재료에 존재하는 탄화물을 미세하게 분포시켜 내마모성을 높이고, 질소를 첨가시켜 내소착성을 향상시키기 위하여 분말 야금법을 이용한 분말 고속도 공구강을 사용하기도 한다. 일반적으로 분말 야금 고속도 공구강에는 탄화물 입자가 미세하게 골고루 분산, 분포되어 있으므로 분말 고속도강 > SKH57 > SKH51 > STD11 > STS3 > STC3 순으로 내마모성이 크다. 표 3.5에는 프레스 금형에 사용되는 대표적인 고속도 공구강의 예를 나타냈다.

표 3.5　프레스 금형에 사용되는 대표적인 고속도강과 분말 고속도강

재료기호 (KS)	열처리온도(℃)			경 도	
	어닐링	퀜칭 (유냉)	템퍼링 2회 (공냉)	어닐링 (H_RB)	Q/T (H_RC)
SKH51	800~880	1,200~1,250	540~570	<255	>62
SKH57	800~880	1,200~1,260	550~580	<285	>64
HAP20	-	①1,060~1,180	560~580	<250	65~67
		②1,180~1,200	560~580		67~68
HAP50		①1,180~1,200	560~580	<280	66~67
		②1,200~1,220	560~580		67~69
HAP70	-	1,180~1,210	560~580	<370	69~72

※ Q/T는 퀜칭 후에 템퍼링을 한 것을 의미함.
　HAP는 일본 히다치금속의 등록상표임.
　①은 고인성을 요구하는 경우의 열처리조건임.
　②는 고경도를 요구하는 경우의 열처리조건임.

(4) 초경합금과 서멧(cermet)

초경합금은 탄화텅스텐(WC)과 코발트(Co) 분말의 혼합 소결제품으로 대단히 경도가 높고 내마모성과 내소착성(耐燒着性, seizure resistance)이 대단히 우수한 재료이다. 또한 표면을 경면으로 가공할 수 있으므로 마찰계수를 매우 작게 할 수 있고, 프레스 가공을 할 때에 변형이 매우 작으므로 합금 공구강에 비하여 5~10배 이상의 수명을 기대할 수 있다. 그러나 값이 비싸고 연삭가공 및 방전가공 이외의 가공방법이 없고, 인성이 작은 결점이 있으므로 인장이나 굽힘이 발생하지 않도록 초경합금의 금형을 설계·제작할 필요가 있고, 펀치의 경우 정밀도가 높은 스트리퍼와 보강 링을 사용하는 것이 좋다. 주로 금형에 큰 하중이 걸릴 때 또는 초대량 생산의 경우나 고속의 블랭킹 및 피어싱 가공 시에 사용하면 경제적이며, 가격이 고가이기 때문에 인서트 팁으로 공구나 금형의 선단부에 브레이징하거나 열박음 등을 하여 사용한다.

최근에는 초경합금과 비슷한 특성을 갖는 서멧이 사용되는 경우가 많아지고 있다. 서멧은 세라믹 메탈(ceramic metal)의 약어로 고융점 화합물(ceramics)과 금속분말의 소결

복합체이다. 페로틱(ferro-TiC), 페로티타닛(ferro titanit) 등으로 불리는 재료로, 탄화티타늄(TiC)이 용적률로 50% 이상이며 나머지는 공구강의 분말로 이루어져 있다. 특징으로는 기계적 가공이 가능하며, 비중이 초경합금의 약 절반이며, 내소착성이 우수하다. 용도와 사용할 때의 주의점은 초경합금과 비슷하며 사용방법에 따라서는 초경합금과 동등한 금형 수명을 얻을 수 있다.

표 3.6은 금형에 사용되는 초경합금과 서멧의 대표적인 예를 나타낸 것이다.

표 3.6 금형에 사용되는 초경합금과 서멧

재료 구분	재료기호 (상품명)	비중	경도 (H_RA)	항절력 (kgf/mm^2)	압축강도 (kgf/mm^2)
초경합금	V3	14.1	88	300	430
	V4	13.9	87	330	410
	V5	13.5	86	340	380
페로틱	CM35	6.7	H_RC 70	140	380
페로티타닛	WFN	6.6	H_RC 70	150	380

3) 프레스 금형재료 선택의 예

프레스를 사용하여 판재 형상의 금속 및 비금속 가공물을 블랭킹, 피어싱하는 펀치와 다이 재료로는 STC3, STS3, STD11 및 초경합금이 가장 많이 사용된다. 보통 펀치와 다이의 경도차는 H_RC 2~3 정도로 하며 피어싱 금형의 경우에는 펀치의 경도를 높게 하고, 외형 블랭킹 금형의 경우에는 다이의 경도를 높게 한다. 일반 강판에 75mm의 피어싱 가공을 할 경우 피가공재의 두께에 따른 피어싱 펀치용 금형재료의 적용 예를 표 3.7에 나타냈으며, 대표적인 피가공 재료별 블랭킹 및 피어싱의 금형 재료 적용 예를 표 3.8에 나타냈다.

표 3.7 피가공재의 두께에 따른 피어싱 펀치에 사용되는 금형재료

판재의 두께 (mm)	피어싱 가공 총 수량			
	1,000	10,000	100,000	1,000,000
0.25	STC3	STC3	STC3	STC3 STF4
0.80	STC3	STC3	STC3	STD11
1.60	STC3	STC3	STC3	STD11
3.20	STF4	STF4	STF4	STD11
6.35	STS41	STF41	STF4	STD11 SKH51
12.70	STS41	STF41 SKH51	SKH51	SKH51
25.40	STS41	SKH51	SKH51	

표 3.8 블랭킹 및 피어싱 펀치와 다이에 사용되는 금형재료
(두께 1.3mm, 크기 76mm 미만의 경우)

피가공 재료	총 생산수량 (×1,000) (질화)				
	1	10	100	1,000	10,000
Al합금, Cu합금, Mg합금	STS3 STF4	STS3 STF4	STS3 STF4	STF4 STD11	초경합금
탄소강(C 0.7%까지) 페라이트계 스테인리스 강	STS3 STF4	STS3 STF4	STS3 STF4	STF4 STD11	초경합금
오스테나이트계 스테인리스강(템퍼링)	STF4	STF4 STD11	STF4 STD11	STD11 SKH51	초경합금
스프링강(H_RC 52 이하)	STF4	STF4 STD11	STD11 SKH51	STD11 SKH51	초경합금
전기 강판(0.5t 이하)	STF4	STF4 STD11	STD11 SKH51	STD11 SKH51	초경합금
종이, 개스킷, 연질 재료	STC3	STC3	STC3 STF4	STC3 STF4	STD11

피가공 재료	총 생산수량 (×1,000) (질화)				
	1	10	100	1,000	10,000
플라스틱 시트(연질)	STS3	STS3	STF4	STF4 STD11	초경합금
플라스틱 시트(경질)	STS3 (침탄)	STF4 (질화)	STF4 (질화)	STD11	초경합금

1.4 플라스틱 금형재료

1) 플라스틱 금형재료의 개요

플라스틱 재료가 성형품이 될 때까지의 가장 일반적인 과정은 플라스틱 수지를 가열해서 유동성을 가질 때 닫혀진 금형의 빈 공간에 가압 주입한 후 냉각시켜 금형의 빈 공간과 같은 형상의 성형품을 만드는 방법이다.

열가소성 수지와 열경화성 수지를 각종 제품으로 성형하는 플라스틱 성형에는 플라스틱 사출, 플라스틱 압출, 진공 성형, 블로 성형, 발포 성형 등이 있으며, 플라스틱 금형재료로서 요구되는 성질은 다음과 같다.

① 내마모성이 크고 인성이 클 것

플라스틱 성형용 원재료에는 SiO_2 성분을 함유한 것들이 많으며, 고압과 고온에서 반복적으로 작업되기 때문에 스프루나 게이트, 슬라이드면, 끼워맞춤면 등은 마모와 침식이 심하다. 따라서 정밀도와 금형 수명 향상을 위해서는 충분한 강도와 인성, 내마모성이 필요하다.

② 피가공성이 우수할 것

플라스틱 금형은 매우 복잡한 구조가 많다. 따라서 절삭 및 연삭할 때 가공성이 좋고 깨끗하게 다듬어질 수 있어야 한다.

③ 열처리가 쉽고 열처리 변형이 적을 것

열처리할 때의 균열이나 변형은 퀜칭과 템퍼링 과정에서 발생하는 경우가 많으며, 금형의 수명은 열처리 효과에 크게 좌우된다. 일반적으로 유냉 경화강은 수냉 경화강보다 변형이나 균열이 적고, 공냉 경화강은 변형이나 균열이 가장 적다.

④ 열전도성이 양호할 것

금형의 부위별 온도가 불균일하고 온도 편차가 심하면 제품 성형할 때 치수의 변화와 변형이 발생되어 제품의 정밀도를 유지할 수 없다. 따라서 금형의 온도 조절이 매우 중요하며, 열전도성이 양호한 재료는 금형의 온도 조절이 쉬우므로 제품의 치수변화와 변형을 방지할 수 있다.

⑤ 내식성과 경면성이 양호할 것

염화비닐계 수지, ABS 수지, 발포 수지 및 기타 난연성 수지 등은 성형 과정에서 염소가스나 염산 등 부식성 가스를 발생한다. 따라서 내식성이 좋지 않은 재질을 금형재료로 사용하면 금형의 수명이 현저하게 단축된다. 또한 콤팩트 디스크나 레이저 디스크와 같이 경면성이 유지되어야 하는 성형품을 생산하는 금형에는 금형 자체의 경면성을 유지하는 것이 매우 중요하다. 이러한 경면성은 약간의 부식에 의해서도 손상 받을 수 있으므로 금형용 강재를 잘 선택해야 하며, PVD나 PECVD 등 코팅을 활용하여 강한 내식성 피막 물질을 코팅하는 것이 일반적이다.

표 3.9 플라스틱 금형용 강재의 특성 비교

구 분		사용경도 (H_RC)	피삭성	내마모성	내식성	경면성	비 고
강종	규격						
압연강재	S45C계	30(HS)	A	C	C	C	
	SCM440계	25~35	A	B	B	B	
프리하든강	S45C계	30(HS)	A	C	C	C	A : 양호
	SCM440계	25~35	A	B	B	B	
	STF계	36~45	B	B	B	B	
	STD61계	36~45	B	B	B	B	
	석출경화계	36~45	B	B	B	B	B : 보통
Q/T강	STD11	56~62	B	A	B	A	
	STD61	46~55	B	A	B	A	C : 보통
석출경화강	마레이징강	45~55	B	A	B	A	이하
내식강 (SUS계)	프리하든강	30~45	C	B	A	A	
	Q/T강	46~60	C	A	A	A	
비자성강	-	40~45	C	B	B	B	

이러한 요구 조건에 적당한 여러 가지의 금형용 강종이 있으며, 표 3.9에는 플라스틱 금형용 강재의 특성을 비교하여 나타냈다.

2) 플라스틱 금형재료의 종류와 특징

플라스틱 금형재료에서 고려해야 할 것으로는 금형수명 및 가공성이 중요시되고 있다. 금형재료의 적절한 선택은 금형수명, 정밀도, 가격에 큰 영향을 미친다. 따라서 금형재료의 선택은 금형에 요구되는 생산량, 사용되는 수지의 종류, 금형의 구조와 부품의 기능, 성형품의 형상과 치수정밀도 등을 고려하고, 금형가공 설비의 종류와 정밀도 등에 대하여 검토한 후 결정하는 것이 좋다. 또한 플라스틱 성형에서는 형조각면의 상태가 그대로 성형품에 전사되고, 금형에는 높은 압력과 고온이 반복적으로 작용되므로 최근에는 전용 플라스틱 금형용 강을 많이 사용하고 있지만, 일반적으로 많이 사용되어지고 있는 금형용 강에 대하여 표 3.9에 나타낸 것을 기준으로 그 특성을 살펴보기로 한다.

(1) 압연 강재

압연 강재에는 SM45C, SM55C와 SCM440 계열의 강종이 있다. 이 강종은 경도가 낮으며 가공성이 좋고 가공할 때에 변형이 적으며, 인성이 좋지만 내마모성, 내식성, 경면성이 좋지 않은 특성이 있다.

(2) 프리하든 강(pre-harden steel)

프리하든 강은 미리 퀜칭 및 템퍼링 열처리가 되어 있는 상태로 공급되기 때문에 열처리 변형 등에 의한 치수상의 문제도 없어 정밀금형의 제조에 적합하며, 금형제작이나 납기측면에서도 유리한 강종이다. 구조용 탄소강이 플라스틱 성형용 프리하든 강으로 사용되는 것에는 SM45C, SM55C계가 대부분을 차지하고 있으며, SCM440계, STD61계 및 석출 경화계도 있다. SM45C, SM55C계와 SCM440계는 피삭성 등 가공성이 양호한 편이고 용접성 및 인성도 좋으나 내식성과 내마모성이 좋지 않다. SM45C, SM55C계의 공급 경도는 HS 30 정도이며 SCM440계는 H_RC 25~35 수준으로 최근의 고급 플라스틱 금형에 요구되는 고도의 조건들을 충족시키지 못하므로, 대개 치수정밀도, 경면성, 내식성 등을 특별히 요구하지 않는 범용 플라스틱 금형용 강으로 대량생산을 하지 않는 경우에 사용된다.

STF계와 STD61계는 Cr, Mo 등의 합금 원소들이 첨가되어 인성과 내마모성이 좋으며 용접성도 양호한 편이다.

프리하든 강의 국내 대표적인 상품으로는 두산중공업의 HP4A, HP4MA가 있으며, 국외 상품으로는 다이도 특수강의 NAK55, NAK80과 히다치 금속의 HPM1, HPM2, HPM 50 및 미쓰비시 제강의 MT-M, MEX44, UDDEHOLM사의 HOLDAX, IMPAX 등이 있다. 이들의 사용 경도는 대략 H_RC 25~45 수준이며, 일반적인 특성으로는 가공성과 용접성이 좋고 내마모성도 양호한 편이다. 표 3.10에는 HP4A, HP4MA 및 NAK55의 기계적 특성을 나타냈다.

표 3.10 HP4A, HP4MA 및 NAK55의 기계적 특성

상품명		기계적 특성				
		항복강도 (kgf/mm^2)	인장강도 (kgf/mm^2)	연신율 (%)	단면수축률 (%)	경도 (Hs)
HP4A	상온	65~80	75~90	15 이하	40 이하	38~44
HP4MA	상온	75~90	90~105	15 이하	40 이하	40~46
NAK55	상온	103	128	15.6	39.8	41(H_RC)
	승온, 100℃	-	-	-	-	-
	승온, 200℃	-	115.0	15.9	38.5	
	승온, 300℃	-	100.1	16.0	40.1	

(3) Q/T 강

Q/T 강은 Q/T 처리에 의해 H_RC 46~62 정도의 경도가 얻어지며, 내마모성이 우수한 강종으로 특별히 내마모성을 필요로 하는 열경화성 수지, 무기질 충전 플라스틱 성형용 금형에 많이 사용되고 있다. Q/T 강에는 STS계와 STD계가 있다.

STS31은 내마모성이 우수하고 대형이라도 유냉으로 쉽게 경화시킬 수 있어 많이 사용되고 있다.

STD11 강은 고탄소 고크롬강으로 내마모성이 뛰어나고 인성, 경면성 등 가공성도 좋

으나, 열처리시의 변형, 내식성, 용접성은 보통이다. 사용 경도는 H$_R$C 56~62 수준이다.

STD61 강은 열간 금형용강으로 고온에서도 내마모성과 인성이 우수하며 사용 경도는 H$_R$C 46~55 수준이다.

(4) 석출 경화강

석출 경화강은 프리하든 강의 경도로는 경도가 부족하고, 그렇다고 열처리를 통해 경도를 높일 경우의 열처리 변형이 문제가 되는 정밀하고 복잡한 금형에 적합한 강종이다.

플라스틱 성형용 석출 경화강으로는 마레이징(maraging)강이 쓰인다. 마레이징강은 일반적인 탄소강이나 특수강과는 달리 탄소 성분을 거의 함유하지 않으며, 따라서 퀜칭하여도 경도가 높지 않아 기계적 가공을 할 수 있고 480℃ 정도의 온도에서 3시간 정도를 가열하는 시효처리에 의해 금속간 화합물들을 석출시켜서 경화시키는 재료이다. 시효처리에 의해 경화될 때의 치수변화는 극히 적어 0.01~0.03% 정도의 수축만이 발생할 뿐이다. 이러한 성질이 정밀금형을 제작할 때의 커다란 이점이 된다. 이 강종은 높은 경도와 인성을 동시에 겸비하므로 노치가 있는 정밀금형이나 복잡한 금형, 얇은 부분, 핀 종류 등 파괴나 균열의 염려가 있는 곳이나, 경면연마가 필요한 부분에 사용하기 적합하다. 특히 열경화성 수지나 무기질 충전 플라스틱용 금형에 사용할 때에는 내마모성을 높이기 위해 질화(窒化, nitriding)를 하는데, 질화성도 극히 우수한 강종이다. 주요 생산국은 미국과 일본으로서 다이도 특수강에는 MASIC, 히다치 금속에서는 YAG, 미쓰비시 제강에서는 MEX 등의 명칭으로 각각 생산하고 있다. 표 3.11은 석출경화강 MASIC의 품질특성을 나타낸 것이다.

표 3.11 석출경화강 MASIC의 품질특성

상품명	사용 경도 (H$_R$C)	열처리	품질특성							특징 및 적용
			피삭성	경면성	용접성	내식성	인성	내마모성	줄무늬 가공성	
MASIC	50~54	시효 경화	○	◎	◎	◎	◎	◎	◎	경면, 내식, 내마모용의 최고급 강재

※ 특성기호 - △ : 보통, ○ : 우수, ◎ : 아주 우수

(5) 내식강

플라스틱 원재료 중 염화비닐 수지 등은 성형 중 염산이나 염화 가스를 다량 발생시킨다. 이와 같은 가스들은 부식성이 강하여 고온에서 반복 작업 중 금형을 심하게 침식시킨다. 이러한 현상을 막기 위하여 내식성이 풍부한 스테인리스강을 금형재료로 사용하며 프리하든 스테인리스강과 열처리용 스테인리스강으로 구분하여 활용한다. 프리하든 스테인리스강에는 SUS402J2, SUS420J2, SUS630 등이 있다. SUS402J2는 가공성이 양호하고 SUS420J2는 경면성이 탁월하며 내마모성도 좋고, SUS630은 내식성이 가장 탁월하다.

열처리용 스테인리스강에는 SUS420J2 개량형의 내식성 초경면 금형 재료가 있다. 이 강종은 퀜칭과 템퍼링으로 $H_R C$ 55~58 정도의 경도값을 나타내며 내마모성과 내구성도 우수하다.

한편 제강회사의 상품명으로 공급되는 스테인리스계의 내식강으로는 다이도 특수강의 NAK101과 UDDEHOLM사의 Stavax, Ramax, Elmax 등이 있으며, 일반적으로 기계 가공성은 탄소강에 비하여 떨어지지만 내식성, 피삭성, 경면성 등이 우수하다. 그림 3.2는 NAK101의 내식성을 나타낸 것이다.

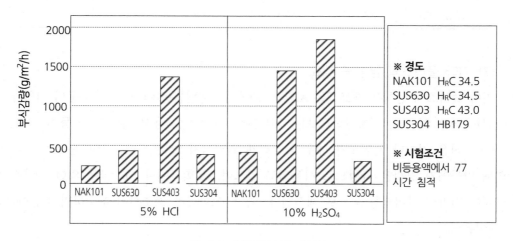

그림 3.2 NAK101의 내식성

(6) 비자성강

최근 전기기기 부품을 비롯하여 공업 전반에 걸쳐 플라스틱 자석의 이용이 급증하고 있다. 이러한 플라스틱 자석을 성형하는 금형에 비자성 플라스틱 금형용강이 사용되며, 다이도 특수강의 NAK301과 고베제강의 KTSM UM1이 유명하다.

NAK301은 투자율(透磁率, magnetic permeability)이 1.01이고, 700℃에서 14시간 시효 열처리를 하는 것에 의해 H_RC 45의 높은 경도를 얻을 수 있으므로 내마모성이 우수하다. KTSM UM1도 투자율이 1.01 이하로 완전 비자성이며, 간단한 열처리에 의해 H_RC 40 이상의 경도를 얻을 수 있으므로 강도, 내마모성이 우수하며, 기본적으로는 오스테나이트계 강으로 용접성도 우수하다. 표 3.12는 KSTM UM1의 기계적 성질을 나타낸 것이다.

표 3.12 KSTM UM1의 기계적 성질

상품명	기계적 성질				
	경도 (H_RC)	항복강도 (kgf/mm^2)	인장강도 (kgf/mm^2)	연신율 (%)	단면수축률 (%)
KSTM UM1	38~42	120.0	133.8	11	17

(7) 기타 플라스틱 금형용 재료

기타 플라스틱 금형용 재료에는 Al합금, Zn합금, 베릴륨동(Cu-Be합금) 등의 비철금속이 사용되고 있으며, 제작방법으로는 정밀주조, 압력주조, 용사, 절삭가공 등이 있다.

아주 작은 것이나 정밀도가 매우 엄격하게 관리되지 않는 것에는 베릴륨동이 주조에 의해 만들어져 양산용 금형으로 사용되고 있으며, Zn합금이나 Al합금에 의한 플라스틱 금형이 저가의 간이금형 등으로 제작된다. 특히 Zn합금은 주조성이 우수하기 때문에 널리 이용되고 있다.

① Zn합금

금형에 사용되는 Zn합금은 Zn에 Al, Cu, Mg 등의 금속을 적당량 첨가한 것으로, 실제의 주조온도가 400~450℃ 정도이며 사형, 석고형, 세라믹 주형 등으로 쉽게 주조된다. 또한 용융온도가 380℃로 낮아 가스의 흡수, 발생이 적어 기포가 적은 깨끗한 면을 얻을 수 있다. 따라서 제작기간이 짧고 생산수량이 적은 시험용 금형이나 소량 생산용 금형에 사용된다. 그러나 150~200℃에서 온도변화를 일으키므로 금형온도가 낮게 유지되는 곳에 사용하는 것이 좋다.

② Al합금

Al합금은 지금까지 고무성형, 발포성형, 진공성형, 취입성형 등 비교적 압력이 가해지지 않는 금형에 주로 사용되었다. 그러나 최근에는 Al합금의 연구개발로 인해 강도와 경도를 향상시킴으로써 높은 강도와 내마모성을 필요로 하는 사출성형 분야의 시작금형 및 중량생산 금형용 재료로 사용되고 있다.

금형용 Al합금의 사용목적은 강재에 비해 가공속도를 높이는 것이다. 즉, 절삭가공 및 방전가공성이 좋아 강재에 비해 1/3~1/5 정도로 가공시간을 단축시킬 수 있으므로 단기간에 금형을 제작할 수 있고, 금형가공비를 크게 절감시킬 수 있다. 특히 CZ5F(7779)합금은 보수용접을 할 때 균열이 발생하지 않는 특징이 있다. 표 3.13에는 금형용 Al합금의 특성을 나타냈다.

표 3.13 금형용 Al합금의 특성

재 료 상품명		인장강도 (kgf/mm^2)	연신율 (%)	경도 (Hv)	선팽창 계수 (×10^{-6}/℃)	열 전도도 (CGS)	비중	적용 예
7075	T651	57	12	155	23.2	0.31	2.80	사출 성형용
	T652	52	10	141	23.2	0.31	2.80	
7779 (CZ5F)	T6	46	14	140	23.6	0.34	2.78	[1]사출 성형용
	T652	44	12	125	23.6	0.34	2.78	
2014	T651	48	6	145	22.5	0.37	2.80	다이 세트용
	T652	46	8	128	22.5	0.37	2.80	사출 성형용
5052	H112	20	27	63	23.8	0.33	2.68	발포 성형용

1) 용접용에 적합함.

Al합금의 질별기호 설명

- T651 : 용체화처리(solution treatment) 후 1.5~3%의 영구변형을 주는 인장가공으로 잔류응력을 제거한 후 다시 인공시효하여 경화한 상태.
- T652 : 용체화처리(solution treatment) 후 1~5%의 영구변형을 주는 압축가공으로 잔류응력을 제거한 후 다시 인공시효하여 경화한 상태.
- T6 : 용체화처리(solution treatment) 후 인공시효한 상태.
- H112 : 적극적인 가공경화를 행하지 않고, 제조한 그대로의 상태에서 기계적 성질이 보증된 상태.

③ 베릴륨동(Cu-Be 合金)

동합금이 금형에 사용되는 것은 다른 금형재료에 비해 우수한 열전도성과 내소착성을 갖기 때문이다. 열전도성은 플라스틱 금형이나 단조금형에 중요한 특성이며, 내소착성은 판금 프레스 금형에 중요한 특성이다. 따라서 플라스틱 성형과 주조 등의 각종 성형용 금형재료도 일반적으로 사용되어 왔던 강재로만 제작하는 것이 아니라, 높은 열전도성을 이용한 강과 구리합금의 조합금형이 제작되고 있다. 그 구리합금 중에서 특별히 높은 강도 및 높은 열전도성을 갖추고 있는 베릴륨동은 보통 정밀주조에 의해 정밀 캐비티를 만드는데 사용되고, 강재의 몰드 베이스에 조립되어 완성된 금형을 이루게 된다.

베릴륨동 합금은 구리에 3% 이하의 Be, Co, Ni 등을 소량으로 함유시킨 것으로, 주조용 합금인 고강도재(BeA275C)와 단조재인 고강도재(BeA25), 고열전도재(BeA11)의 3종류가 일반적으로 사용된다. 이들 Cu-Be합금은 강에 비해 열전도도가 대단히 뛰어나며 강도는 강재와 비슷하다. 베릴륨동 합금과 대표적인 플라스틱 금형용 강재의 특성을 열전도율과 인장강도 측면에서 비교한 것을 그림 3.3에 나타냈다.

플라스틱 성형시간은 수지 종류와 성형 온도 등 성형 조건에 따라 크게 다르므로 금형의 열전도성을 양호하게 하면 성형 사이클을 빠르게 할 수 있다. 그러므로 코어 측의 냉각수를 순환시키는데 사용하는 재료의 열전도율이 크면 냉각 효율을 높일 수 있어 단위시간당 생산량을 증대시킬 수 있다.

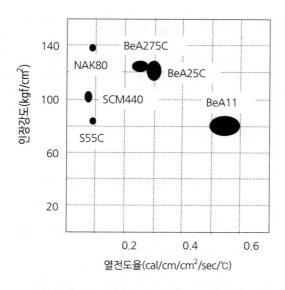

그림 3.3 베릴륨동과 여러 가지 플라스틱 금형용 강재의 특성 비교

베릴륨동 합금 금형은 BeA275C와 같이 세밀한 모양과 디자인을 정확하게 전사할 수 있는 압력 주조법이나 마스터 재질에 관계없이 가죽, 나뭇결의 모양을 제작할 수 있는 세라믹 주형의 정밀주조법으로 치수 정밀도를 내는 것과 단조 블록을 기계 가공하여 제작하는 방법이 적용되고 있다. 표 3.14에 각종 플라스틱 금형에 적용한 베릴륨동 합금의 예를 나타냈다.

표 3.14 각종 플라스틱 금형에 적용한 베릴륨동 합금의 예

금형과 부품명		사용목적과 사용법	적용합금
사출 성형 금형	캐비티	주조, 방전가공으로 제작하여 제품의 투명도 불량 방지, 광택향상 및 하이 사이클화를 추구한다.	BeA275C BeA25C
	코어	코어의 돌출부 전체, 특히 깊이가 깊은 부품에 적용. 캐비티와 같은 효과를 얻는다.	BeA275C BeA25C
	캐비티 코어	비자성을 이용한 플라즈마 아크 용접 금형에 적용.	BeA275C BeA25C

금형과 부품명		사용목적과 사용법	적용합금
사출 성형 금형	코어들이 토막	보스, 리브가 집중하는 부분에 사용하여 성형품의 냉각을 균일하게 하여 싱크마크의 방지, 하이 사이클화를 추구한다.	BeA275C BeA25C BeA11
	슬라이드 코어	긁힘 방지	BeA275C BeA25C
핫 러너 시스템		노즐에 사용하여 수지의 온도 균일화를 추구한다.	BeA275C BeA25C
취입성형 금형		성형할 때 두꺼운 부분의 수지 냉각을 빨리하여 불량방지와 하이 사이클화를 추구한다.	BeA275C BeA25C BeA11
발포성형 금형		가열, 냉각을 빨리하여 하이 사이클화를 추구한다.	BeA11

3) 플라스틱 금형재료 선택의 예

플라스틱 금형의 설계 및 제작에 있어서 금형재료의 선택은 매우 중요한 사항이다. 제품의 외관 품질, 치수 정밀도, 사용 수지의 종류와 화학적 특성, 생산 수량 등을 고려하여 금형에 요구되어지는 특성에 맞는 적정한 재료를 선택해야 한다. 한편 플라스틱 제품의 수요 증가와 더불어 강도, 내마모성과 내약품성이 뛰어난 각종 엔지니어링 플라스틱의 사용 분야가 늘어 가고 있다. 따라서 플라스틱 금형용 재료에 대한 요구도 한층 다양화되고 있으며 각종 고경면, 고내마모성, 고내식성 등의 재료들이 개발되고 있다.

플라스틱 성형용 금형에 사용되고 있는 금형재료의 종류는 여러 가지로 우리나라의 두산중공업, 일본의 다이도 특수강, 히다치 금속 등에서 여러 상표로 판매되고 있으며, 표 3.15에는 한국종합특수강에서 생산하고 있는 금형용강의 적용 예에 대하여 나타냈다.

표 3.15 두산중공업 제품 금형용강의 적용 예

구분	범용 금형재료			고급 금형재료		
재료의 상품명	HP1 HP1A	HP4 HP4A	HP4 HP4MA	HFS-1 HAM-10	HEMS1	HEMS1A
사용경도 (Hs)	28~33	37~43	40~46	49~60	50~57	36~74
KS개량 (JIS)	S55C	SCM440	SNCM AISI P20	STD61	석출 경화강	SUS420J2
특징	-	부식가공성 기계가공성	부식가공성 기계가공성	내마모성	경면가공성 방전가공성 내마모성	초경면가공 내식성 내마모성
대표적인 성형수지	PP	PP ABS	PP ABS	ABS 아크릴 PE, PS	ABS 아크릴 PE, PS PA, MF PF	PVC, PS EP, PF MF
용 도	자동차 가전제품 일반잡화용 형판과 형재, 정밀부품용 기본재에 사용	자동차 범퍼, 라디에이터 그릴 박스, OA기기, 가전제품 형판에 사용	자동차 범퍼, 라디에이터 그릴 박스, OA기기, 가전제품 형판에 사용	각종 임펠라, 각종 금형 슬라이드 코어 등에 사용	라디오, 카세트 케이스, 화장품 용기, 카메라 본체	광디스크, CD, 의료기기용 금형 및 각종 염화용 금형에 사용

1.5 단조 금형재료

1) 단조 금형재료의 개요

단련과 성형을 목적으로 하는 단조는 자유단조와 형단조로 크게 나뉜다. 자유단조는 비양산 대형제품에 사용되며 주로 강괴를 단련하는 것에 목적을 두고 단조를 한다. 반면에 형단조는 양산 소형부품에 사용되며, 압연강재를 사용하여 성형 정밀도를 높이는 것을 목적으로 한다.

단조는 소성가공을 행하는 것인데 재료의 변형저항이 온도에 따라 크게 변하므로 단조

온도는 매우 중요한 인자가 된다. 따라서 단조가공에 의해 성형되는 소재의 온도에 따라 열간단조와 냉간단조로 크게 나뉜다.

단조에 사용되는 금형은 충격에 의해 재료에 소성변형을 가하는 것이므로 강도, 경도, 인성, 내충격성 내마모성 등이 요구된다. 열간단조에서는 고온의 재료를 취급하므로 내열성과 내히트체킹성이 특히 중요하며, 냉간단조에서는 재료의 변형저항성이 크므로 강도와 내마모성이 특히 중요하다.

2) 단조 금형재료의 종류와 특징

(1) 냉간단조 금형재료

① 냉간단조 금형재료의 구비조건

냉간단조란 금속의 소성변형이 용이한 성질을 이용하여 상온의 소재에 외력을 작용시켜 소재를 요구하는 형상, 치수로 가공하고 동시에 그 재료를 단련하는 작업이다. 따라서 부적절한 열처리 또는 잘못된 금형설계 등에 의해 금형이 조기에 파손되지 않는 한 마모량이나 인성의 크기에 의해 금형의 수명이 결정되므로 냉간단조 금형재료의 첫 번째 구비조건이 되는 특성은 내마모성과 강인성이다. 또한 단조를 할 때 금형과 소재의 마찰로 인해 금형 표면의 온도가 상승하므로 금형재료는 대기 중에서 산화되어 금형 표면에 얇고 치밀하며 밀착성이 좋은 산화피막을 형성할 수 있어야 한다. 이 치밀하고 밀착성이 큰 산화피막은 재료의 산화진행을 억제하므로 금형의 마모를 경감시킨다. 금형의 가동속도가 빨라서 금형과 소재의 마찰 속도가 빠른 경우에는 금형의 표면 온도가 더욱 급격하게 상승될 수 있고 표면의 얇은 층은 용융점을 넘는 온도에 달해 국부적으로 용융하는 것도 있다. 이와 같은 현상을 용융마모라고 한다.

이러한 현상들을 고려할 때 금형재료는 상온 경도 및 고온 경도가 높아야 하고, 강인성과 내마모성이 커야 한다. 또한 표면에는 얇고 치밀하며 밀착성이 우수한 산화피막이 생겨서 윤활 피막을 잘 유지하여 긁힘과 용착을 방지할 수 있어야 한다. 일반적으로 가장 마모가 심한 부품은 펀치의 측면이며 이에 비하여 펀치의 단면은 마모가 적다.

표 3.16 냉간단조용 금형재료의 규격

구 분	KS 규격	열처리온도(℃)			경 도	
		어닐링	퀜 칭	템퍼링	어닐링 (HB)	Q/T (H$_R$C)
탄소 공구강	STC3	750~780	760~820 수냉	150~200 공냉	<212	>63
	STC4	740~760	760~820 수냉	150~200 공냉	<207	>61
	STC5	740~760	760~820 수냉	150~200 공냉	<207	>59
W강	STS43	750~800	770~820 수냉	150~200 공냉	<201	>63
	STS44	730~780	760~820 수냉	150~200 공냉	<207	>60
Cr,W강	STS2	750~800	830~880 유냉	150~200 공냉	<217	>61
	STS3	750~800	800~850 유냉	150~200 공냉	<217	>60
고탄소 고크롬강	STD1	850~900	930~980 유냉	150~200 공냉	<269	>61
	STD11	850~900	980~1025 공냉	150~200 공냉	<255	>61
	STD12	850~900	930~980 공냉	150~200 공냉	<255	>61
고속도 공구강	SKH51	870~900	1200~1240 유냉, 공냉	540~600 유·공냉 2회	<241	>62
	(MZ100)	870~900	1200~1240 유냉, 공냉	500~600 유·공냉 3회	<277	>65
중탄소 합금공구강	STD5	800~850	1050~1100 유냉	600~650 공냉	<235	45~48
	STF4	760~810	830~880 유냉(공냉)	400~500 공냉	<241	45~48

또한 다이의 단면 마모도 펀치의 측면 마모에 비하면 상당히 적게 발생한다. 또한 동일한 금형을 사용할 경우라도 피가공재의 재질에 따라 펀치와 다이의 마모량에는 현저한 차이가 있어, 일반적으로 인장 강도가 낮고 부드러운 소재를 단조할 때 비교적 마모 현상이 적게 나타난다. 표 3.16에는 KS규격에 의한 냉간단조용 금형 재료를 나타냈다.

② 냉간단조 금형재료의 종류와 특징

㉮ 탄소 공구강

　　냉간 단조 금형용 탄소 공구강에는 STC3, STC4, STC5 등이 있다. 이들의 탄소 함유량은 0.8~1.1% 정도이며, 경화능이 좋지 않고 합금강이나 고속도 공구강에 비해 내마모성도 상당히 나쁘다. 또한 열처리시 변형이 많고 열간 강도도 매우 낮다. 그러나 가공성이 우수하여 시작용 금형이나 저부하 및 소량 생산용금형 재료로 사용된다.

㉯ 합금 공구강

　　STS43, STS44는 V을 0.1~0.25% 첨가한 강으로 탄소 공구강과 마찬가지로 경화능이 작기 때문에 수냉으로 경화시킨다. 가공성이 우수한 반면 열간 강도는 낮고, 경화능이 낮아서 중심부까지 경화되지 않기 때문에 인성이 우수하여 내충격용 강으로 사용한다. STD2, STD3 등은 STS43, STS44에 비해 경화능과 마모성이 좋으나 인성은 부족한 편이다. STD1은 고탄소 고크롬강으로 Cr을 12~15% 함유하고 있으며 내마모성이 뛰어나다. 이에 비하여 STD11은 탄소 함유량이 높아 인성이 떨어지는 STD1의 인성을 개선하기 위해 탄소 함유량을 낮게 하고 V을 첨가하여 결정 입자를 미세화하고, Mo를 첨가하여 경화능과 인성을 향상시켜 열처리를 용이하게 한 것이다.

　　프레스 가공 중에서 펀칭 가공 및 딥 드로잉 가공의 경우 펀치는 모서리 부분에서 마모가 심하게 발생하고 압축하중이 매우 크게 걸리므로, 약간의 편심하중이 작용되면 펀치가 휘어지거나, 펀치의 압축강도가 작으면 하중에 견디기 어려우므로 다이나 펀치는 중심부까지 경화시켜 사용하는 것이 좋다. STD11은 H_RC 58~60에서 일반적으로 사용되지만, 펀치가 파손될 위험이 있을 때에는 H_RC 55 정도의 경도로 사용하는 것이 좋다.

5% 크롬강인 STD12는 퀜칭성이 좋고, 내마모성이 우수하며 열처리 변형이 적기 때문에 수량이 아주 많은 경우를 제외하고는 널리 사용되고 있다.

㉴ 고속도 공구강(High speed steel)

냉간단조 금형용 고속도 공구강은 고온 경도가 우수한 강으로, 빠른 속도로 반복 사용되는 공구의 예리한 절삭날을 유지할 수 있도록 내마모성과 경도를 겸비한 강이다. 일반적으로 고속도강에 함유된 합금 원소로는 Cr, W, Mo, V 및 Co 등이지만 강종으로 구분할 때에는 SKH2를 대표로 하는 W계와 SKH51을 대표로 하는 Mo계로 구분하지만, 인성의 측면에서는 Mo계가 우수하다.

주로 냉간단조 금형강으로 쓰이는 SKH51은 2차 경화를 나타내는 온도보다 약간 높은 템퍼링 온도에서 템퍼링을 3회 반복한 후, 2차 경화 온도보다 낮은 템퍼링 온도에서 템퍼링을 하면 마르텐사이트(martensite)에서 탄화물이 용이하게 잘 석출되고, 잔류 오스테나이트(austenite)의 마르텐사이트화가 잘된다. 따라서 SKH51은 STD11에 비해 인성이 좋고 템퍼링을 할 때 조직이 안정되므로 냉간 압조(cold heading) 등 고속 펀칭용에 적합하다.

이와 같이 냉간 단조 금형 재료로서 고속도강을 사용하는 경우에는 템퍼링을 3회 이상 반복하여 잔류 오스테나이트를 변태시켜 주는 것이 필요하다. 그 이유는 금형을 장시간 방치할 때 시효변형을 막기 위해서다.

(2) 열간단조 금형재료

① 열간단조 금형재료의 구비조건

열간 단조용 금형은 사용 중 매우 큰 기계적 응력과 열적 응력을 받는다. 단조 금형은 작업 중 항상 고온의 재료와 접촉하며, 경우에 따라 금형 표면이 약 600℃ 이상으로 상승하는 경우도 있다. 반복적인 가열과 냉각의 열 사이클은 금형 표면에 큰 열응력을 발생시키므로 그러한 온도 변화를 견디지 못하면 열피로균열(heat check)이 발생하게 된다. 또한 변형하는 피가공재와의 사이에서 심한 마찰이 생기기 때문에 금형의 마모가 심하게 발생한다. 이와 같은 요인으로 인해 일반적으로 열간단조 금형재료에 요구되는 조건들은 다음과 같다.

- 강인성 및 피로 강도가 우수할 것
- 내열성과 내히트체킹성이 우수할 것
- 재료의 유동에 대한 내마모성이 우수할 것
- 금형의 내부까지 경화될 수 있도록 경화능이 우수할 것
- 내충격성이 우수할 것
- 기계적 가공성이 우수할 것
- 방향성이 적고 합금조직이 균질일 것
- 경제성이 있을 것

② 열간단조 금형재료의 종류와 특징

㉮ STF계 열간 금형강

STF계 열간 금형강은 해머 단조용 금형 재료로 많이 사용되며, 특히 STF4는 Ni-Cr-Mo계 합금으로, 고온강도는 낮지만 인성이 우수하므로 해머금형이나 소량 생산용 단조 프레스 금형용강으로 사용된다. STF5도 STF4와 유사하나 고온강도는 STF4가 우수하여 300℃까지 인장 강도의 감소가 적으나 그 이상에서는 급격하게 감소한다. 또한 300℃ 부근은 청열취성 구역이며 단면 수축률이 가장 적다. 그림 3.4에는 온도에 따른 STF4의 경도와 충격값의 변화를 나타냈다.

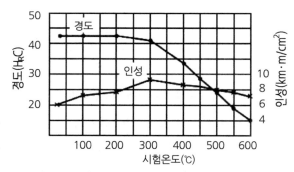

퀜 칭 : 852℃에서 30분 유지 후 유냉
템퍼링 : 570℃에서 3시간 유지 후 공냉

그림 3.4 온도에 따른 STF4의 경도와 충격값의 변화

그림에서 알 수 있듯이 300℃ 이상으로 승온되면 급격히 경도가 떨어지므로, 해머의 온도가 300℃를 넘지 않도록 유의하여 사용해야 한다. STF4는 일반적으로 H_RC 38~42 정도의 프리하든 강(preharden steel)으로 공급되고 있다.

④ STD계 열간 금형강

열간 단조용 금형 재료로서 STD4, STD5, STD61 및 STD62 등이 있다. 이 강종은 프레스 단조용 금형 재료로 쓰이며, 특히 온도 상승에 따른 연화 저항이 커서 고온에서의 인장 강도와 항복점이 STF계보다 높고 단면 수축률이 낮다. 열간단조 금형에서 매우 중요한 특성인 내히트체크성은 표 3.17에 나타낸 바와 같다. 균열의 개수는 STF4에 비해 많은 것으로 나타나 얼핏 내히트체크성이 떨어진다고 생각할 수 있지만, 균열의 총 길이, 특히 평균 길이는 STF4보다 매우 작다. 이는 반복되는 열피로에 의해 균열이 발생한다 하더라도 그 균열이 쉽게 자라지 않는 것으로 금형의 파손을 일으키기까지의 수명이 길어진다는 것을 의미하므로 실제로는 내히트체킹성이 우수하다고 생각되어진다. 충격 저항의 경우 STD계는 600℃ 정도에서 단면 수축률이 최소가 되어 충격값은 최소를 나타내고, 그 이상의 온도에서는 고온 강도가 급격히 떨어지므로 금형의 온도를 600℃ 이하로 유지하는 것이 중요하다. 내열성이 우수한 STD62는 내마모성이 특히 요구되는 금형에 사용되고 있다.

표 3.17 STD61과 STF4의 내히트체크성 비교

강종	열처리	경도 (H$_R$C)	N (개)	L (mm)	ℓ (mm)	비 고
STD61	1,030℃×30분 공냉 620℃×1시간 공냉(2회)	45.2	125	12.82	0.102	N(개) : 체크 총 개수 L(mm) : 체크 총 길이 ℓ(mm) : 체크 평균 길이 = L/N
STF4 상당	850℃×20분 유냉 600℃×1시간 공냉	39.3	72	15.40	0.214	

3) 단조 금형재료의 적용 예

(1) 냉간단조 금형재료 적용의 예

금형 재료의 선정은 성형품의 재질, 강도, 형상 및 수량을 고려하여 결정해야 한다. 압출가공을 할 때 펀치는 압축하중을 받고 다이는 인장하중을 받으므로 다이의 경우 인장응력에 견디는 강인성을 갖춘 재료가 필요하나, 일반적으로 인서트 형식으로 보강 링에 끼워지므로 인장응력은 그만큼 경감된다. 그러므로 금형 재료의 중요한 성질은 내마모성이라 할 수 있다. 펀치는 선단으로부터 외주에 걸쳐 마모가 현저하고 경우에 따라서는 용융마모를 일으키는 것도 있다. 펀치에 가해지는 압축하중은 매우 크므로 편심하중이 가해지면 파손되기 쉽고 압축강도가 떨어지면 지름이 늘어난다.

탄소 공구강은 다이의 치수가 작아서 열처리 때 중심부까지 경화가 가능한 경우나 또는 부하 하중이 작고 사용 중에 변형될 염려가 없는 경우에 한해서 사용하는 것이 바람직하다. STS2, STS3도 생산수량이 적은 경우에 사용하며, STD12는 경화능과 내마모성이 좋고 열처리시 변형이 적으므로 대량 생산할 때 사용한다. 가장 널리 사용하는 금형강은 STD11이다. 표 3.18은 재료의 종류에 따른 냉간 압출용 금형 재료의 적용 예를 나타낸 것이다. STD1은 인성이 문제되지 않는 곳에 사용하면 내마모성과 압축 강도가 크므로 좋다. 일반적으로 $H_RC\ 58 \sim 60$이 적당하나 인성이 충분히 요구될 때에는 $H_RC\ 55$ 정도가 좋다.

표 3.18 냉간압출용 금형재료 적용 예

	펀치용 금형재료			다이용 금형재료		
	5,000개	50,000개	500,000개	5,000개	50,000개	500,000개
Al 합금	STD12 STD1 STD11	STD12 STD1 STD11	SKH51	STC3 STC4	STC3 STC4	STD12 STD1 STD11 SKH51
C 0.4% 이하의 탄소강	STD12 STD1 STD11 SKH51	STD1 STD11 SKH51 (연질화)	SKH51 (연질화) 초고속도강 초경합금	STS2 STS3 STD12 STD1 STD11	STD12 (가스질화) STD1 STD11	SKH51 (연질화) 초고속도강 초경합금

	펀치용 금형재료			다이용 금형재료		
	5,000개	50,000개	500,000개	5,000개	50,000개	500,000개
표면 처리강 (합금강)	STD12 STD1 STD11 SKH51	STD1 (연질화) STD11 (연질화) SKH51 (연질화) 초고속도강	SKH51 (연질화) 초고속도강 초경합금	STS2 STS3 STD12 STD1 STD11	STD12 (연질화) STD1 (연질화) STD11 (연질화) SKH51 (연질화) 초고속도강 초경합금	SKH51 (연질화) 초고속도강 초경합금
오스테나이트계 스테인리스강	STD12 STD1 STD11 SKH51	SKH51 (연질화) 초고속도강 (연질화)	SKH51 (연질화) 초고속도강 초경합금	AISI H12 STD5 STF4	AISI H12 STD5 STF4	AISI H12 STD5 STF4

SKH51은 STD11보다 내마모성이 뛰어나므로, STD11의 항복하중을 초과하는 하중이 걸리는 경우에 사용하고, 경도는 H_RC 64~66이 바람직하다. STF4, STD5는 내충격강으로 형상이 얇고 복잡하여 모서리부 등 파손이 염려될 때 STD강을 대신하여 사용하면 좋다. 사용 경도는 H_RC 45~48이 적당하며 질화처리를 하면 표면은 내마모성, 내부는 인성이 확보되어 좋으나 모서리 등의 파손이 우려되므로 신중하게 선택하는 것이 바람직하다.

표 3.19는 냉간 압조 작업에 사용하는 금형 재료의 선정 기준을 나타낸 것이다. 삽입형의 경우 다이 홀더 또는 보강링에 STD6, STF4를 사용하는 것이 바람직하다. 또한 사용할 때의 경도는 H_RC 48 이하로 하므로 인장응력에 대한 내력이 필요하다. 냉간 압조에 사용되는 다이는 표면에 큰 인장응력을 받으므로 내마모성이 필요하며 따라서 표면의 경도는 높게, 내부는 인성을 갖도록 열처리하는 것이 바람직하다.

표 3.19 냉간 압조 작업용 금형재료 적용 예

구분	압조 작업 총 개수							
	10,000개		50,000개		250,000개		1,000,000개	
	일체형	삽입형	일체형	삽입형	일체형	삽입형	일체형	삽입형
냉간 압조	STC3 STC4 STC5 STS43 STS44 STS2 STS3	STD1 STD11 SKH51	STC3 STC4 STC5 STS43 STS44 STS2 STS3	STD1 STD11 SKH51	STC3 STC4 STC5 STS43 STS44 STS2 STS3	STD1 STD11 SKH51	STC3 STC4 STC5 STS43 STS44 STS2 STS3	초경 합금

(2) 열간단조 금형재료 적용의 예

열간단조에 사용되는 금형용강은 고온의 소재와 접촉을 하므로 내열성이 필요하고, 플래시(flash)를 절단하는 금형은 특히 내열성과 내마모성이 요구된다. 열간단조를 위해 금형 재료를 선택할 경우 단조 재료의 재질, 단조품의 크기, 단조품의 형상과 난이성, 사이클 타임과 총 생산 수량 등을 고려해야 하며 단조설비 및 가열기구 등도 충분히 고려해야 한다.

열간단조 금형용강은 크게 STD계와 STF계로 나눌 수 있으며, STD계는 550℃ 정도의 온도에서 템퍼링을 할 때 2차경화가 일어나지만 STF계는 2차경화가 일어나지 않는다. STD계는 주로 단조 프레스 금형에 사용되며, STF계는 주로 해머 금형에 사용된다.

단조품의 형상과 관련하여 날카로운 코너나 에지 등이 있는 제품의 경우에는 그곳에 응력을 집중시켜 조기에 파손을 발생시키며, 금형의 덧살이 얇은 경우에도 과부하를 받게 하고 열적 응력이 집중되게 한다. 단조 재료의 재질과 관련하여 저탄소강이나 저합금강은 스테인리스강이나 내열강에 비해서 강도가 작으므로 비교적 저렴한 금형 재료를 사용하여 생산할 수 있다. 이에 비해 티타늄 합금은 최고급의 금형 재료를 사용해도 비교적 금형 수명이 짧다. 표 3.20에는 해머 단조 금형재료 및 프레스 단조 금형재료의 적용 예를 나타냈다.

표 3.20 해머 단조 금형재료 및 프레스 단조 금형재료의 적용 예

종 류		피단조재	해머 단조금형		프레스 단조금형	
			총 생산 개수		총 생산 개수	
			100~10,000	10,000 이상	100~10,000	10,000 이상
얇은형	소형	탄소강 합금강	STF5, STF4	STF5, STF4	STF5, STF4	STF4
		스테인리스강 내열강	STF5, STF4	STF5, STF4	STF5, STF4	H12, H26
	중형	탄소강 합금강	STF5, STF4	STF5, STF4	STF5, STF4	STF5, STF4
		스테인리스강 내열강	STF5, STF4	STF5, STF4	STD6 STD62	STD6 STD62
	대형	저합금강 스테인리스강 내열강	STF5, STF4	STF5, STF4	STD6 STD62	STD6 STD62
깊은형	소형	탄소강 합금강	STF5, STF4	STF5, STF4	STF5, STF4	STF5, STF4
		스테인리스강 내열강	STF5, STF4	STF5, STF4	STF5, STF4	STF5, STF4
	중형	탄소강 합금강	STF5, STF4	STF5, STF4	STF5, STF4	STD61 STD62
		스테인리스강 내열강	STF5, STF4	STF5, STF4	STD4, STD5	STD61 STD62
	대형	저합금강 스테인리스강 내열강	STF5, STF4	STF5, STF4	STD4, STD5 STD62	STD61 STD62

1) 다이캐스팅 금형재료의 개요

다이캐스팅이란 Al, Zn, Cu 등의 합금을 용융 상태로 만든 다음 금형에 고압으로 순식간에 충전하여 제품을 성형하는 방법으로, 치수 정밀도가 좋은 제품을 저렴하게 대량으로 생산할 수 있어 자동차 부품, 전기 부품, 전자 부품 등 산업 전반에 걸쳐 널리 응용되고 있다.

다이캐스팅의 특징은 대량 생산에 있으므로 금형의 내구성이 가장 절실하게 요구된다. 또한 얇은 제품의 성형을 위해서 보다 높은 압력으로 용탕을 충전시켜야 하므로 금형이 받는 열적 충격은 클 수밖에 없다. 스퀴즈 다이캐스팅(squeeze die casting)과 같이 용탕의 온도를 높게 관리하는 금형은 더욱 큰 열응력을 받는다. 표 3.21은 다이캐스팅용 합금별 주입 온도를 나타낸 것이다.

표 3.21 다이캐스팅용 합금별 주입 온도

합금계	주입 온도(℃)
Pb, Sn계	200~300
Zn계	400~450
Mg계	600~650
Al계(스퀴즈)	650~700(700~730)
Cu계	850~950

(1) 다이캐스팅 금형의 파쇄 요인

다이캐스팅 금형이 파쇄의 요인으로는 열피로(thermal fatigue), 침식(corrosion), 균열(cracking), 눌림(indentation) 등을 들 수 있다.

① 열피로(thermal fatigue)

다이캐스팅 금형은 작업 중에 용탕에 의하여 가열되고 냉각장치에 의해 냉각이 반복되며, 이 과정에서 금형 표면은 극심한 변형응력을 받게 된다. 따라서 사용기간이 늘어남에 따라 표면에 미세한 균열이 발생하고 그것이 성장하여 열균열을 일으킨다. 이와 같은 미세한 균열을 히트 체크라 하며 처음 작업 시작으로부터 발생하기까지의 발생기와 가속 성장하는 성장기로 구분할 수 있으며, 히트 체크를 유발하는 원인들은 다음과 같이 생각할 수 있다.

㉮ 금형 표면의 온도 불균일과 과열 : 표면 온도가 600℃ 이상으로 가열되어 열응력을 받게 되면 히트 체크의 유발이 가속화된다.

㉯ 냉각속도 : 급속한 냉각은 응력을 크게 하며 결과적으로 조기에 히트 체크를 유발시킨다.

㉰ 열처리 관리 : 고온 경도가 높을수록 히트 체크의 발생은 적다.

㉱ 표면 조도 : 연마 스크래치나 미세한 슬래그 개재물들은 균열 발생을 촉진시킨다.

② 침식(corrosion)

다이캐스팅 작업을 할 때, 고온의 용탕이 금형 내부에 충전되면 용탕과 금형이 접촉하게 되고 강재의 표면에 침식이 발생된다. 침식에 영향을 미치는 원인들에는 금형의 재질, 용탕의 온도, 용탕의 조성, 금형의 표면처리, 금형의 탕구방안 등을 생각할 수 있다. 침식을 유발시키는 원인 중에서 특히 금형의 탕구방안이 부적당할 때에는 침식이 빠르게 진행되어 금형을 조기에 파손시키는 원인이 된다. 즉, 게이트가 너무 얇을 때에는 용탕이 게이트를 통과할 때 제트 분사되어 열점을 유발시켜 침식이 조장된다.

③ 균열(cracking)과 눌림(indentation)

금형의 인성은 금형 재료의 품질과 열처리에 의존한다. 금형 재료의 품질은 제조하는 제작사별로 또는 강재의 종류별로 차이가 있으며 동일 재료에서도 표면과 중심부의 인성이 차이가 난다. 우수한 강재는 표면과 중심부의 인성에 차이가 거의 없거나 있다고 하더라도 미소하다. 눌림 현상은 금형의 분할면에서 발생되는 현상으로 재료의 고온강도가 낮기 때문에 발생하며, 금형은 승온과 더불어 경도가 떨어지므로 Al, Mg, Cu 합금의 다이캐스팅에서는 충분한 고온 강도와 경도가 필요하다.

2) 다이캐스팅 금형 재료의 종류와 특징

표 3.22에는 가장 널리 이용되고 있는 다이캐스팅용 금형 재료의 종류와 열처리 조건을 나타냈다. DAC는 일본 히다치 금속의 상품명으로 STD61에 해당되며, 8407과 QRO90은 스웨덴 아삽(ASSAB)에서 판매하는 제품을 나타낸다.

표 3.22 다이캐스팅용 금형 재료의 종류와 열처리 조건

강 종	열처리 온도(℃)		
	어닐링	퀜칭	템퍼링
SCM3	830 서냉	830~880 유냉	580~680
SCM4	830 서냉	830~880 유냉	580~680
STF2	760~810 서냉	830~880 유냉	400~650
STF3	760~810 서냉	830~900 유냉	400~650
STD6	820~870 서냉	1,000~1,050 공냉, 유냉	530~650
STD61	820~870 서냉	1,000~1,050 공냉, 유냉	530~650
DAC	680~730 서냉	1,000~1,050 고속가스, 순환공기	550~650
8407	850 노냉	1,000~1,050 고속가스, 순환공기	475 미만에서
QRO90	850 노냉	1,020 고속가스, 순환공기	475 미만에서

(1) Cr-Mo계 합금

다이캐스팅 금형용 Cr-Mo계 합금에는 STF2, STF3 및 SCM3, SCM4 등이 있다. 이들은 모두 소량생산 및 저온 합금용 금형 재료로 STF3를 제외하고는 경화능이 별로 좋지 않다. SCM계는 STF2와 거의 비슷한 열처리 특성을 나타내며, STF2는 템퍼링할 때의 연화저항이 STD6, STD61계 열간 금형강에 비해 현저히 떨어진다. 고온 강도도 400℃ 이상이 되면 급격이 저하하지만 400℃ 이하에서는 양호하고 내히트체크성도 우수하다.

(2) 5Cr계 열간 금형용강

5Cr계 열간 금형용강에는 STD6, STD61 등이 있으며 대량생산용 금형 재료로 가장 많이 사용되고 있다. 이들은 경화능이 매우 좋으므로 유냉 및 공냉으로도 경화가 가능하다. 특히 STD61은 고온 강도가 뛰어나다.

(3) 고청정 고인성 강

다이캐스팅 제품의 정밀화 및 대형화와 더불어 원가 경쟁력의 확보를 위한 생산성 향상에 맞추어 각종 신형 강재들이 개발되어 있으며, 이들은 앞서 언급한 히트체크 및 균열과 눌림 등에 대한 저항력이 기존의 강재에 비해 훨씬 뛰어나다.

① DAC : 강재 내부 조직에 방향성이 없는 등방성(isotropy) 소재로 고온에서 강도가 크고 인성이 뛰어나다는 특징이 있다. 따라서 히트체크나 침식, 균열에 대한 저항력이 크다.

② 8407과 QRO90 : 초고청정강이며 조직이 미세화되어 인성과 열충격 저항이 대단히 크고 가공성도 양호한 편이다.

3) 다이캐스팅 금형재료의 적용 예

다이캐스팅 금형재료에서는 일반적으로 대량 생산용으로는 STD61이 가장 많이 사용되고 있다. 표 3.23에 다이캐스팅 금형재료의 적용 예를 나타냈다.

강의 제조과정 중 정련공정에서의 청정도와 단조, 압연 공정에서의 방향성, 그리고 조직의 미세화 정도에 따라 기존의 STD61과 우량강을 비교할 수 있다 우량강의 경우, 재료비는 고가(STD61의 약 2~3배)이나 금형의 내구 수명 연장으로 인하여 제품의 제조원가를 낮출 수 있어 양산용 금형으로 생산량이 극히 많을 때에는 유리하다.

표 3.23 다이캐스팅 금형재료의 적용 예

주조합금	소량 생산용	일반용	대량 생산용	대량 생산용(우량)
Pb, Sn, Zn	SM50C SCM3 SCM4	SCM4 SCM8 STF2 STF3	STD6 STD61	-
Al, Mg	SCM3 SCM4	STD6 STD61	STD6 STD61	DAC DAC4(대형품) DAC10(정밀품) 8407
Cu	STD4 STD5	STD4 STD5	STD4 STD5	DAC45 QRO90

2 금형 열처리

2.1 열처리의 기초

금속 재료의 성질은 기본적으로 재료의 화학적 조성과 재료의 내부 조직에 의하여 결정된다. 그런데 열처리 및 가공 등의 처리에 의해서 금속 재료의 내부 조직이 변화되고, 이 내부 조직의 변화가 금속 재료의 성질을 변화시킨다. 따라서 열처리란 금속 재료의 내부 조직을 변화시켜서 그 재료로 만들어진 부품 또는 공구를 사용할 때 요구되는 기계적 성질을 얻기 위해서 행하는 가열 및 냉각과정을 말한다.

금형재료는 기본적으로 강재로 되어 있으므로 본 절에서는 열처리의 기초에 대하여 살펴보고, 2절에서는 일반적인 열처리 방법을 그리고 3절에서는 금형용 강의 열처리에 대해서 살펴보기로 한다.

1) 강의 평형상태도

강에 있어서 중요한 합금원소는 탄소이다. 이 탄소의 존재에 의해서 강의 광범위한 성질이 나타나질 수 있게 된다. 상온에서 α철(α-Ferrite) 내에 고용될 수 있는 탄소의 용해도는 매우 낮아서 탄소 원자들은 철 원자 사이에서 극히 드물게 존재할 뿐이다. 나머지의 탄소 원자들은 철 원자와 결합하여 시멘타이트(Fe_3C)를 형성하는데, 이 시멘타이트는 페라이트와 서로 교대로 반복되어지는 층상조직인 펄라이트를 형성한다. $6.67\%C$까지의 탄소를 가지는 Fe-C 합금을 매우 서냉시킬 때 온도에 따라서 존재하는 상영역을 그림 3.5의 Fe-Fe_3C 상태도에 나타냈다. 상태도에 나타나는 고상의 종류 중에서 강의 특성과 열처리에 중요한 상은 α-페라이트(Ferrite), 오스테나이트(Austenite), 시멘타이트이다.

(1) α페라이트

α철에 탄소가 함유되어 있는 고용체를 α-페라이트 또는 단순히 페라이트라고 부르며, BCC(body centered cubic)의 결정구조를 가지고 있다. 상태도에서 알 수 있듯이

α-페라이트의 최대 탄소 고용도는 723℃에서 0.02%이므로 페라이트에 고용할 수 있는 탄소량은 매우 적은 것을 알 수 있다.

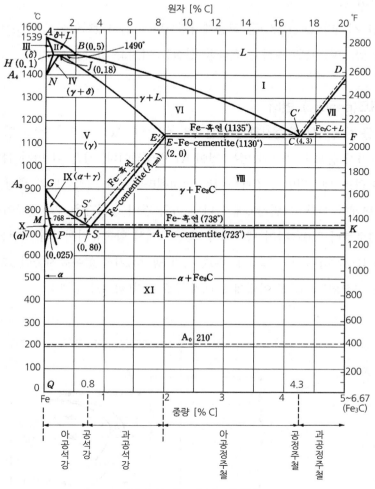

그림 3.5 Fe-Fe₃C 상태도

(2) 오스테나이트

γ철에 탄소가 고용되어 있는 고용체를 오스테나이트라고 하며, FCC(face centered cubic)의 결정구조를 가지고 있다. 탄소 고용도는 그림 3.5에서 볼 수 있듯이 1,148℃에서 2.08%로 최대이며, 온도가 내려감에 따라서 감소하여 723℃에서 0.8%로 된다. 따라

서 탄소 고용도는 α-페라이트보다 매우 크다. 이와 같은 오스테나이트와 α페라이트의 탄소 고용도의 차이가, 대부분의 강을 열처리하는데 있어서 중요한 근거가 되는 것이다.

(3) 시멘타이트

철탄화물인 시멘타이트(Fe_3C)는 고용체라기보다는 금속간화합물로서, 6.67%의 탄소를 함유하고 있으며, 매우 경하고 취약한 성질을 가지고 있다.

2) 펄라이트(pearlite) 변태

강은 탄소를 함유하므로 순철과는 다른 A3, A2, A1, Acm 등의 변태를 일으키는데 그 중에서 강과 가장 중요한 관계가 있는 것이 A1 변태점이다. 강은 이 변태점을 경계로 하여 변태점 이하로 냉각되면 오스테나이트가 시멘타이트와 페라이트의 층상 혼합구조인 펄라이트로 변태를 한다. 그림 3.6에 나타낸 바와 같이 공석강을 오스테나이트화 온도영역, 즉 850℃로부터 750℃까지 냉각해서 그 온도에서 항온유지시키면 어떠한 변태도 일으키지 않는다(냉각곡선 Ⅰ). 그러나 650℃까지 냉각시켜서 항온유지하면 1초 후에 펄라이트 변태가 시작되고, 10초 이내에 변태가 완료된다(냉각곡선 Ⅱ).

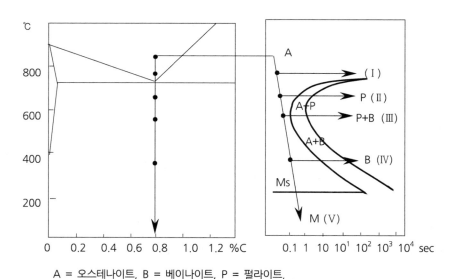

A = 오스테나이트, B = 베이나이트, P = 펄라이트,
M = 마르텐사이트, Ms = 마르텐사이트 생성 개시온도

그림 3.6 공석강에서 여러 가지 냉각방법으로 얻어지는 조직상의 변태

펄라이트 형성과정을 시멘타이트의 형성으로부터 시작된다고 가정하면, 그림 3.7에서와 같이 오스테나이트에서 시멘타이트가 형성되기 위해서는 탄소원자가 확산해 와야만 하고, 동시에 시멘타이트의 인접한 지역은 탄소가 고갈되므로 페라이트가 형성되어, 시멘타이트와 페라이트층이 나란히 성장해간다. 따라서 펄라이트는 페라이트와 시멘타이트의 층상구조를 이루게 된다. 그림 3.8은 위와 같이 펄라이트가 시멘타이트로부터 형성되기 시작한다고 가정할 때 펄라이트가 형성되는 과정을 도식적으로 나타낸 것이다.

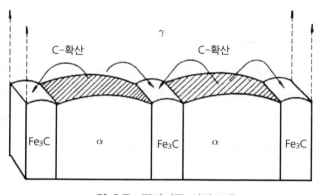

그림 3.7 펄라이트 성장모델

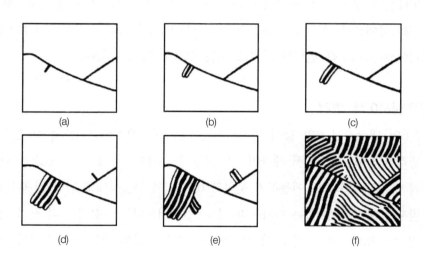

그림 3.8 펄라이트 성장과정을 나타내는 도적인 그림
(그림 3.7의 모델을 기초로 함)

3) 베이나이트(banite) 변태

그림 3.6의 냉각곡선 Ⅳ와 같이 약 550℃ 이하의 온도에서 항온변태시키면 베이나이트가 형성되기 시작한다. 베이나이트 형성은 오스테나이트 경정립계에서 페라이트 핵의 형성으로부터 시작된다고 가정되고 있다. 페라이트 핵이 형성되면 주위의 오스테나이트 탄소농도는 증가해서 시멘타이트가 형성되어, 페라이트와 시멘타이트가 나란히 성장해 간다.

온도가 내려감에 따라 결정립 내에서도 같은 방법으로 베이나이트가 형성된다. 베이나이트의 형태는 형성온도 및 조성에 따라 변화되는데, 형성온도에 따라 상부 베이나이트와 하부 베이나이트로 분류되며, 일반적으로 상부 베이나이트는 비교적 취약한 반면, 하부 베이나이트는 비교적 인성을 가지고 있는 것으로 알려져 있다.

4) 마르텐사이트 변태

그림 3.6의 냉각곡선 Ⅴ와 같이 냉각시키는 경우, 즉 오스테나이트를 Ms온도 이하로 급격히 냉각하면 Ms 온도에서 페라이트가 형성되기 시작하는데, 이때 탄소는 확산할 만한 시간적 여유가 없으므로 이동하지 못하고 α철 내에 고용상태로 남아 있게 된다. 그런데 탄소원자가 차지할 수 있는 격자틈자리는 γ철에서보다는 α철에서 더 작기 때문에 격자가 팽창될 수밖에 없다. 이때 형성되는 응력때문에 강의 경도가 증가되어 경화된다. 이와 같이 α철 내에 탄소가 과포화 상태로 고용된 고용체를 마르텐사이트라고 부른다.

마르텐사이트 형성기구는 아직도 상당한 논란의 대상이 되고 있는데, 그림 3.9는 마르텐사이트 변태에 대한 간단한 모델을 예시한 것이다. 마르텐사이트 단위격자 모서리에 위치한 탄소원자는 단위격자를 한 방향으로 길이를 증가시켜서 정방격자(tetragonal lattice)로 만든다. 또한 탄소량이 증가함에 따라 마르텐사이트의 체적이 증가하게 된다.

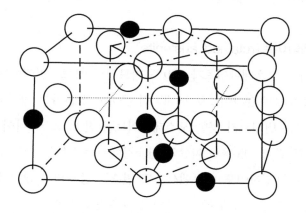

그림 3.9 마르텐사이트 형성모델

한편 펄라이트와 베이나이트의 형성은 변태시간에 따라 진행되는 반면에, 마르텐사이트 형성은 변태시간에는 무관하고 Ms 온도 이하로의 온도강하량에 따라 결정된다.

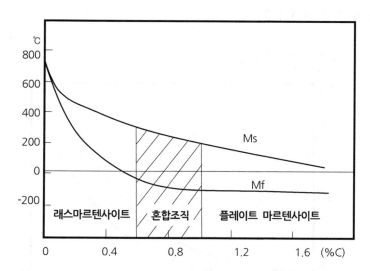

그림 3.10 Ms와 Mf 온도에 미치는 오스테나이트내 탄소함유량의 영향과 비합
금강에서 형성된 마르텐사이트의 종류

탄소강에 대한 마르텐사이트 형성 개시온도인 Ms와 종료온도인 Mf는 각각 그림 3.10에 나타낸 바와 같이 탄소량에 따라 결정된다. 또한 마르텐사이트 조직의 형태도 탄소량에 따라서 래스(lath), 혼합 및 판상(plate) 마르텐사이트로 변화된다.

5) 잔류 오스테나이트(retained austenite)

공석강을 퀜칭하면 오스테나이트가 100% 마르텐사이트로 변태하는 것이 아니라, 일부의 오스테나이트가 마르텐사이트로 변태되지 못하고 상온까지 내려오게 된다. 이와 같이 상온에서 존재하는 변태되지 못한 오스테나이트를 잔류 오스테나이트라고 한다. 그림 3.10에서 보는 바와 같이, 0.6%C 이상의 탄소강에서는 Mf 온도가 상온 이하로 내려가기 때문에 상온까지 퀜칭하여도 마르텐사이트 변태는 종료되지 않는다. 이것이 잔류 오스테나이트를 형성시키는 이유가 된다. 그림 3.11은 탄소강에서 탄소함유량에 따른 잔류 오스테나이트량의 변화를 나타낸 것이다. 일반적으로 고탄소강이나 고합금강에서는 잔류 오스테나이트가 많이 존재하므로 퀜칭경도가 낮아질 수 있다. 또한 잔류 오스테나이트는 상온에서 불안정한 상이므로 이것이 존재하는 강을 상온에서 방치하거나 또는 사용할 때에 마르텐사이트로 변태되어 치수변화를 일으키고, 연마할 때에도 마르텐사이트로 변태되어 균열을 일으킬 염려가 있다.

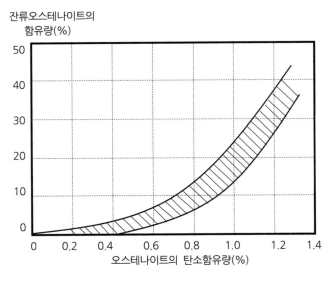

그림 3.11 탄소강에서 탄소함유량에 따른 잔류 오스테나이트량의 변화

한편 퀜칭한 강을 상온이하의 온도까지 냉각시키면 잔류 오스테나이트가 마르텐사이트로 변태하게 되는데, 이와 같은 처리를 심랭처리(subzero treatment)라고 하며, 심랭처리에 사용되는 냉매로는 드라이아이스(-78℃)나 액체질소(-196℃) 등이 사용되고 있다.

2.2 일반 열처리 방법

열처리의 종류를 크게 나누면, 주조나 단조 후의 편석과 잔류응력 등의 불균질을 제거하고, 균질화 및 연화를 위한 어닐링(annealing), 노멀라이징(normalizing) 및 경화를 위한 퀜칭(quenching), 그리고 강인화를 위한 템퍼링(tempering) 처리 등으로 나눌 수 있다.

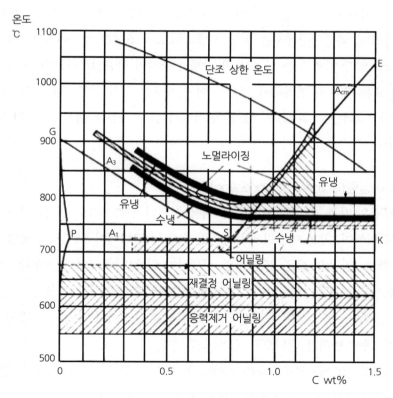

그림 3.12 열처리의 종류 및 열처리 온도

1) 어닐링(annealing)

금속재료의 연화를 위한 것으로서, 일반적으로 적당한 온도까지 가열한 다음 그 온도에서 유지한 후 서냉하는 조작을 말한다. 이것의 목적은 내부 응력의 제거, 경도 저하, 절삭성 향상, 냉간 가공성 향상, 결정 조직의 조절, 또는 기계적, 물리적 성질을 개선시키기 위한 것이다. 어닐링에는 완전 어닐링, 항온 어닐링, 구상화 어닐링, 응력 제거 어닐링, 연화 어닐링, 확산 어닐링, 저온 어닐링, 중간 어닐링 등의 여러 종류가 있다.

그림 3.12는 여러 가지 열처리 방법에 대한 처리온도 영역을 나타낸 것이다.

(1) 완전 어닐링(full annealing)

완전 어닐링은 오트테나이트 영역의 온도로 가열하고, 그 온도에서 충분한 시간을 유지하여 오스테나이트 단상, 또는 오스테나이트와 탄화물의 공존 조직으로 한 다음, 아주 서서히 냉각시켜서 연화시키는 조작이다. 따라서 이 경우의 조직은 아공석강에서는 페라이트와 펄라이트, 과공석강에서는 망상 시멘타이트와 조대한 펄라이트로 된다.

일반적으로, 열간 압연 또는 단조를 한 강재는 조직이 불균일하다든지, 잔류 응력이 잔존한다든지 또는 충분히 연화되지 않아서 이 상태로는 절삭 가공이나 소성 가공이 곤란할 때가 많다. 그러한 경우 금속 재료를 연화해서 절삭 가공을 쉽게 하기 위해서는 완전 어닐링을 한다.

(2) 항온 어닐링(isothermal annealing)

완전 어닐링은 강을 오스테나이트화한 다음 서서히 연속적으로 냉각해서 강을 연화시키는 것인데 비하여, 항온 어닐링은 탄소강을 600~650℃에서 5~6시간 동안 유지한 다음 노냉을 한다. 합금강 같은 것은 아주 서냉하지 않으면 페라이트 변태가 끝나지 않으며, 잔류 오스테나이트는 베이나이트나 마르텐사이트로 변태하므로 충분히 연화시킬 수 없게 된다. 그러나 이와 같은 합금강도 어느 일정한 온도에서 유지시켜 항온 변태를 시키면 단시간 내에 변태가 끝나므로 쉽게 연화된다.

항온 어닐링은 저합금 구조용강뿐만 아니라, 고속도 공구강과 같은 합금 원소를 많이 함유하는 공구강에서 어닐링 시간을 단축시키기 위해서 이용된다.

(3) 확산 어닐링(diffusion annealing)

일반적으로 응고된 주조조직에서 주형에 접한 부분은 합금 원소나 불순물이 극히 적고, 주형 벽에 수직한 방향으로 응고가 진행됨에 따라 합금 원소와 불순물이 많아지고, 최후로 응고한 부분에 합금 원소가 가장 많이 잔존하게 된다. 이와 같은 현상을 편석(segregation)이라 한다. 강괴의 경우, 편석은 1,300℃ 정도에서 수 시간 동안 가열하는 균질화 처리와, 그 다음 열간 가공에 의해서 어느 정도 균질화되지만 완전히 해소되지는 않는다. 따라서 이러한 상태의 주괴를 단조나 압연을 하면, 이와 같이 편석된 것들이 가공 방향으로 늘어나 섬유상 편석이 나타난다.

인(P), 몰리브덴(Mo) 등이 많이 함유된 강에서는 그 경향이 더욱 두드러지게 나타난다. 이와 같은 주괴 편석이나 섬유상 편석을 없애고 강을 균질화시키기 위해서는 고온에서 장시간 가열하여 확산시킬 필요가 있다. 이와 같은 열처리를 확산 어닐링이라고 한다.

(4) 구상화 어닐링(spherodizing annealing)

소성가공이나 절삭가공을 쉽게 하거나 기계적 성질을 개선할 목적으로 탄화물을 구상화시키는 열처리를 구상화 어닐링이라고 한다.

시멘타이트가 구상화되면 단단한 시멘타이트에 의하여 차단된 연한 페라이트 조직이 상호 연속적으로 연결되고, 특히 가열 시간이 길어짐에 따라 구상 시멘타이트는 서로 응집하여 입자수가 적어짐에 따라 페라이트의 연속성은 더욱 좋아진다. 따라서 경도는 저하되고 소성가공이나 절삭가공은 잘 된다. 즉, 구상화 어닐링에 의해 과공석강은 절삭성이 향상되고, 아공석강에서는 가공성이 좋아진다. 또, 그밖에 탄화물을 구상화시킴으로써 퀜칭 경화 후 인성을 증가시키며, 퀜칭 균열 방지 효과도 있다.

그림 3.13은 구상 시멘타이트 조직을 나타내고 있으며, 그림 3.14에는 구상화처리 방법을 나타냈다.

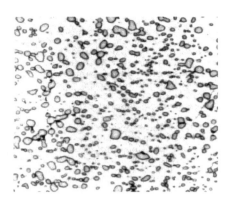

그림 3.13 구상 시멘타이트 조직

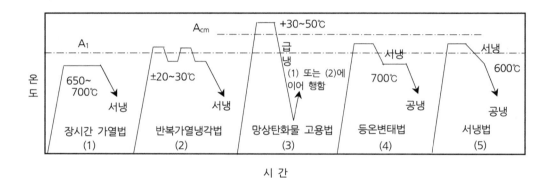

그림 3.14 시멘타이트의 구상화처리 방법

(5) 응력 제거 어닐링(stress relief annealing)

잔류 응력이 남아 있는 금속 부품을 그대로 사용하면 시간이 경과함에 따라 치수나 모양이 변화될 경우가 있으므로 단조, 주조, 기계 가공 및 용접 등에 의해서 생긴 잔류 응력을 제거시키기 위해서 A_1점 이하의 적당한 온도에서 가열하는 열처리를 응력 제거 어닐링이라고 한다.

일반적으로 탄소량이 많은 강일수록 잔류응력이 많고, 또 제거하기가 어렵다.

2) 노멀라이징(normalizing)

노멀라이징은 강을 A_3 또는 A_{cm}점보다 30~50℃ 정도 높은 온도로 가열하여 균일한 오스테나이트 조직으로 만든 다음, 대기 중에서 냉각하는 열처리이다. 이 열처리를 하는 목적은 다음과 같다.

① 결정립을 미세화시켜서 어느 정도의 강도 증가를 꾀하고, 퀜칭이나 완전 어닐링을 위한 재가열할 때에 균일한 오스테나이트 상태로 만들어주기 위함이다.

② 주조품이나 단조품에 존재하는 편석을 제거시켜서 균일한 조직을 만들기

3) 퀜칭(quenching)

강을 A₁ 변태점 이상으로 가열하여 균일한 오스테나이트 조직으로 만든 다음 매우 서서히 냉각하면 펄라이트가 된다. 그러나 오스테나이트 조직에서 냉각할 때 냉각속도가 빠르면 A₁ 변태가 완전히 끝나지 못하고 중간 조직이 된다. 이것들은 천천히 냉각하여 얻은 펄라이트보다도 경도가 크고 강하다. 이와 같이 급냉으로 기계적 성질을 조정하는 작업, 특별히 경도를 높게 하는 열처리 조작을 퀜칭이라 한다. 퀜칭 냉각에서 중요한 것은 그림 3.15와 같이 임계 구역은 급냉, 위험 구역은 서냉하여야 한다는 것이다. 일반적인 퀜칭 방법은 다음과 같다.

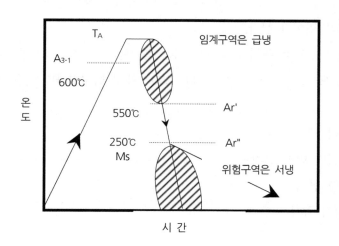

그림 3.15 퀜칭 냉각의 요령

① 시간 퀜칭(time quenching) : 퀜칭 온도에서 냉각액 속에 담금하여 일정 시간을 유지시킨 후 인상시켜 서냉시키는 조작으로 인상 퀜칭 또는 2단 퀜칭이라 한다. 인상 퀜칭할 때는 두께 3mm 당 1초씩을 담그거나 진동이나 물울음이 정지할 때

까지 담그고, 유중 퀜칭할 때는 두께 1mm당 1초간 담근다.

② 분사 퀜칭(jet quenching) : 퀜칭 경화 부분에 냉각액을 분사시켜 급냉시키는 방법으로 죠미니(Jominy)식 일단 퀜칭과 같은 것이며 균열을 일으키는 일은 없다.

③ 프레스 퀜칭(press quenching) : 기어나 스프링 등과 같이 퀜칭 변형이 우려되는 경우, 금형으로 프레스하여 유중 퀜칭하는 조작을 말하며 톱날, 면도날 같은 얇은 물건에 적용한다.

④ 슬랙 퀜칭(slack quenching) : 오스테나이트 온도로 가열 유지시킨 후, 절삭유 또는 연삭유의 수용액 등에 퀜칭하여 미세 펄라이트 조직을 얻는 방법으로 200℃ 이하의 저온 구역에서 꺼내어 공냉하면 좋다.

4) 템퍼링(tempering)

퀜칭한 강은 경도가 높지만 반면에 취성이 있으므로, 인성이 필요한 기계 부품에는 퀜칭한 강을 다시 가열하여 어느 정도 경도가 떨어지더라도 인성을 증가시킨다. 이와 같이 퀜칭한 강을 A_1 변태점 이하의 일정 온도로 가열하여 인성을 증가시킬 목적으로 하는 열처리 조작을 템퍼링이라 한다.

템퍼링 방법은 경도를 목적으로 하는 저온 템퍼링과 안정한 조직을 목적으로 하는 고온 템퍼링이 있으며, 저온 템퍼링은 100~200℃에서 템퍼링하며 다음의 목적으로 실시한다.

① 퀜칭 응력 제거
② 치수의 경년 변화 방지
③ 연마 균열 방지
④ 내마모성이 향상

고온 템퍼링은 안정한 조직을 얻기 위하여 400~650℃에서 가열하여 트루스타이트 또는 템퍼링 솔바이트 조직을 얻는 열처리 조작이며, 구조용강과 같이 강인성이 요구되는 부분에 적용된다. 일반적으로 템퍼링 온도가 높을수록 강도, 경도는 감소하지만 연신율, 단면 수축률 등은 증가한다.

2.3 금형용 강의 열처리

1) 탄소공구강의 열처리

탄소공구강은 경화능이 나쁘기 때문에 수냉 경화형 합금으로 규정되어 있다. 수냉 탱크는 가능하면 열처리로 옆에 위치시켜 로에서 신속하게 퀜칭시킬 수 있도록 해야 한다.

판재 모양의 금형 등을 수냉 탱크에 넣을 때에는 수평이 아닌 수직 상태로 넣어야 한다. 이렇게 하면 양면의 냉각속도가 차이나는 것을 방지할 수 있다. 만일 양면의 냉각이 백분의 1초만 차이나더라도 변형을 일으키기에 충분한 응력을 발생시킨다. 관상의 제품을 열처리할 때에도 마찬가지로 수직으로 넣어야 한다.

그림 3.16은 탄소공구강 중에서 가장 흔히 사용되는 STC3강의 퀜칭-템퍼링 열처리 사이클의 한 예를 나타낸 것으로, 공구강의 열처리공정 중에서 가장 단순하다. 템퍼링은 보통 175℃에서 행하고 1인치(25mm) 두께당 2시간 유지하는 것이 일반적이다.

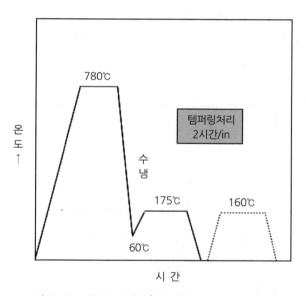

그림 3.16 STC3강의 퀜칭-템퍼링 열처리 사이클

또한 그림에서 보면 2차 템퍼링은 점선으로 표시하였는데, 탄소공구강은 일반적으로 2차 템퍼링을 실시하지 않기 때문이다. 그러나 금형의 형상이 비교적 복잡하다거나 사용조건이 가혹하다면 인성을 더욱 향상시키기 위하여 2차 템퍼링을 실시하는 것이 바람직

하다. 이 2차 템퍼링 온도는 보통 1차 템퍼링 온도보다 약 15℃ 낮은 온도에서 실시함으로써 1차 템퍼링 때에 얻어진 경도를 유지할 수 있게 된다.

2) 저합금공구강의 열처리

탄소공구강이 펀칭 다이나 콜드 호빙(cold hobbing)공구에 사용될 경우에는 가해지는 하중에 따라서 사용두께가 결정된다. 만일 이 펀치나 다이가 두께 50mm 정도의 탄소공구강으로 만들어진다면 경화되는 깊이가 매우 작아지기 때문에 작업할 때 펀치나 다이가 함몰되는 것을 피할 수 없게 된다. 이러한 경우에는 사용 강종을 유냉 경화형강인 STS3강 등으로 변경할 수밖에 없다.

STS3강은 퀜칭온도(800~850℃)가 비교적 낮기 때문에 치수 안정성이 우수한 편이다. 이것이 블랭킹 다이(blanking die)에 STS3강이 흔히 사용되는 이유이다.

그림 3.17은 유냉경화형 합금공구강인 STS3강의 열처리 사이클의 예를 그림으로 나타낸 것이다. STS3강도 저온 템퍼링을 행하며, 탄소공구강과 동일하게 2차 템퍼링은 필요하지 않다. 단, 금형의 형상이 복잡하거나 사용조건이 매우 가혹하다면 인성 향상을 위하여 2차 템퍼링을 실시하는 것이 바람직하다.

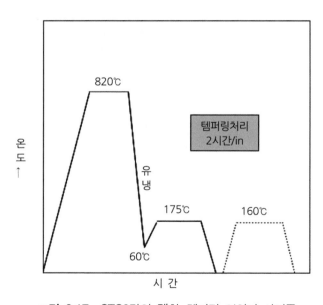

그림 3.17 STC3강의 퀜칭-템퍼링 열처리 사이클

3) 고탄소-고크롬 공구강(STD11)의 열처리

고탄소-고크롬 공구강에 속하는 강종은 STD11과 STD1을 들 수 있는데, 냉간 금형용으로 가장 많이 사용되는 강종이 STD11강이다. 이 STD11강은 경화능이 매우 우수하여 두께 100mm까지도 공냉으로 경화시킬 수 있다.

그러나 두께가 150mm 이상이 되면 공냉으로는 더 이상 최고경도를 얻을 수 없기 때문에 유냉을 사용하는 것이 좋기는 하지만, 이 경우에는 일반적인 유냉경화형 강보다 퀜칭균열을 일으키기 쉬우므로 마르퀜칭을 실시하는 것이 좋다.

이 때 기름의 온도는 200~400℃ 정도로 유지되어야 하고, 균일한 냉각이 이루어지도록 강박(steel foil)으로 싸지 않는 것이 좋다. 금형의 색깔이 검은 색으로 변하는 온도, 즉 540℃ 정도까지 냉각되면 즉시 기름에서 꺼내어 공랭시킨다. 그리고 60℃ 정도까지 냉각되면 곧바로 템퍼링로에 장입하여야 한다.

그림 3.18은 STD11강에 적용할 수 있는 열처리 사이클의 한 예를 나타낸 것이다.

STD11강의 템퍼링은 2가지 방법으로 처리할 수 있다. 첫 번째 방법은 200℃에서 1회의 템퍼링만 행하는 것이다. 이 방법은 그동안 현장에서 흔히 해오던 방법이고, 지금도 HRC 62 정도의 높은 경도를 얻고자 할 때 채택하고 있다.

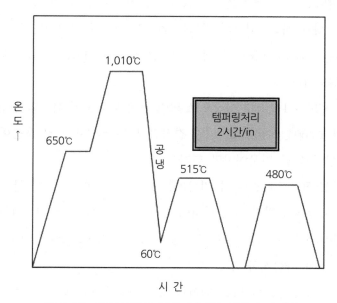

그림 3.18 STD11강의 퀜칭-템퍼링 열처리 사이클

그러나 이보다 더욱 일반적이고 바람직한 방법은 그림 3.8에 나타낸 바와 같이 고온에서 2차 템퍼링을 실시하는 것이다. 1차 템퍼링 온도는 515℃이고, 유지시간은 25mm당 2시간이다.

1차 템퍼링 후 금형이 상온까지 냉각되면 2차 템퍼링을 실시한다. 2차 템퍼링은 480℃에서 실시하는데, 이 때 중요한 것은 1차 템퍼링을 할 때와 같이 60℃까지 냉각되었을 때 2차 템퍼링을 실시하는 것이 아니라 완전히 상온까지 냉각된 후에 2차 템퍼링을 실시해야만 한다는 것이다. 이렇게 템퍼링을 하면 경도가 HRC 58 정도로 되는데, 이것은 200℃에서 1회 템퍼링만 했을 때보다 경도가 HRC 4 정도 낮은 값이다. 그럼에도 불구하고 내마모성은 25~30% 우수해진다.

4) 고속도공구강(SKH51)의 열처리

고속도강은 다른 공구강에 비해서 열처리공정이 특별하다. 즉, 퀜칭온도가 매우 높고, 유지시간은 매우 짧다. 그러므로 예열을 하여 퀜칭온도에서의 짧은 유지시간에도 탄화물이 오스테나이트 상에 많이 고용되게 해야 한다.

예열은 2단 예열을 실시하는데, 1차 예열은 650℃, 2차 예열은 850℃에서 하는 것이 좋다. 예열이 끝나면 즉시 퀜칭온도로 급속하게 가열한다. 퀜칭온도는 인성을 위해서는 1,175℃ 정도로 낮게 하고, 최고의 경도를 얻고자 할 때는 1,245℃ 정도까지 선택할 수 있다. 유지시간은 25mm 정도의 두께일 때 1분 정도면 되고, 150mm 정도의 두께일 때라도 5~6분 정도이다.

그러나 퀜칭 온도가 1,240℃ 이상으로 되면 각형 탄화물이 석출되어 인성이 저하된다. 또 퀜칭 온도가 1,260℃ 이상으로 되면 결정립계에서 국부적으로 용융이 일어나므로 온도제어에 세심한 주의를 기울여야만 한다.

냉각제는 염욕(450~550℃)이나 기름(60~150℃)이 좋다. 특히 염욕 퀜칭은 변형과 균열을 방지하는 데에 효과적이다. 펄라이트 nose는 750℃ 정도이고 1차 Ms점은 200℃ 정도이므로, 퀜칭 온도로부터 750℃까지는 빠르게 냉각하고 200℃ 이하로는 느리게 냉각되도록 하는 것이 바람직하다.

그림 3.19는 템퍼링 온도에 따른 템퍼링 경도 변화를 나타낸 것으로, W계에서와 같이 2차 경화가 현저하게 나타나고 있는 것을 볼 수 있다. 물론 이것은 잔류 오스테나이트가

2차 마르텐사이트로 변태하는 것에 따른 것이므로 2차 템퍼링을 하여야 하며, 탄소량이 많고, Co첨가량도 많은 고속도강에서는 일반적으로 3회 이상의 템퍼링이 필요하다.

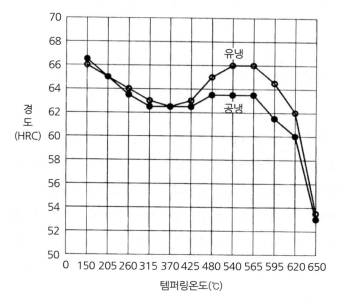

그림 3.19 SKH51강의 유냉 및 공냉 후 템퍼링 온도에 따른 경도 변화

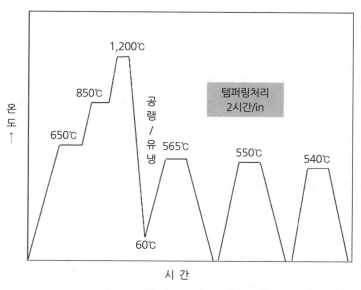

그림 3.20 SKH51강의 퀜칭 - 템퍼링 열처리 사이클

그림 3.20은 SKH51의 퀜칭-템퍼링 처리 공정을 종합적으로 그림으로 나타낸 것이다. 이러한 퀜칭-템퍼링 처리 공정 후의 경도는 HRC 63~65가 된다. 한편 Mo계 고속도강은 W계 고속도강보다 탈탄을 일으키기 쉽기 때문에 탈탄 방지에 주의해야 한다.

3 금형의 표면경화

금형용 강재는 보통 퀜칭-템퍼링을 실시하여 사용되고 있다. 그러나 최근에는 금형으로 성형되는 재료 중에 난가공재로 분류되는 스테인리스강이나 Ti합금 등과 고경도를 갖는 강이 많아지고, 한편으로는 고정밀도의 가공이 요구되고 있으므로 종래의 금형용 재료의 열처리법으로는 이러한 요구조건을 충족시키지 못하는 경우가 많다. 따라서 이러한 요구조건을 충족시켜 주기 위한 목적으로 다양한 표면경화방법이 개발되어 적용되고 있다.

3.1 표면열처리법

강의 표면만 급속하게 가열하여 내부가 승온되기 전에 급냉하여 제품의 표면조직만 마르텐사이트로 변태시키는 열처리법을 표면열처리법이라고 한다. 이 열처리법은 표면만 경화되고 내부는 연한 조직이므로 전체적으로는 인성을 가지면서, 표면은 내마모성이 우수한 특성을 갖게 한다. 따라서 사용 중에 고하중을 받는 금형에는 적용할 수 없으나, 저하중 및 소량생산용의 소형금형에는 일부 적용되고 있다.

1) 고주파경화법(induction hardening)

고주파 전류를 강재 부품의 형상에 대응시킨 유도코일에 흘려주고, 그 유도코일 가운데에 경화시키고자 하는 강재 부품을 놓으면 표피효과(skin effect)에 의하여 표면층에만 맴돌이 전류(eddy current)가 유도되어 표피만 가열된다. 이 때 표면온도가 A1점을 넘었을 때 냉각수를 분사하여 급냉하면 표면만 경화되고 내부는 경화되지 않게 된다.

고주파 경화에 적당한 재료는 탄화물이 미세하게 분포되어 오스테나이트화가 빠르고, 또 비교적 낮은 온도에서 퀜칭할 수 있는 것이 좋다. 고주파경화법의 장점은 가열시간이 짧아서 표면산화와 탈탄이 최소로 발생한다는 것과 변형이 적고 피로강도가 증가되며, 공정을 생산라인과 바로 연결시켜 사용할 수 있고 유지비가 저렴하다는 것이다.

반면에 시설비가 고가이고, 유도경화에 적당한 형상을 갖는 부품에 대해서만 제한적으로 적용할 수 있으며, 적용 강종이 제한되어 있다는 단점도 있다.

2) 화염경화법(flame hardening)

이 방법은 강력한 가열능력을 가진 산소-아세틸렌 불꽃을 사용하여 강재 표면을 빨리 가열하고, 이것이 퀜칭 온도에 이르렀을 때 냉각수로써 급랭시켜 표면만 경화하는 것이다. 화염경화에 가장 적당한 재료는 고주파경화와 같으며, 탄소의 함량은 0.4~0.6% 정도가 좋다. 한편 고주파경화법과는 달리 특수한 설비는 필요하지 않지만 정확한 온도측정이 어렵기 때문에 균일한 경화층을 얻기 위해서는 상당한 숙련도가 필요하다.

이 화염경화법은 간이금형의 부분경화나 플라스틱성형용 금형 등에 이용되는 경우가 있다.

3.2 확산에 의한 표면경화법

표면경화방법 중에서 확산에 의한 방법은 그 종류도 많고, 금형에 이용되는 예도 많다. 표 3.24는 확산에 의한 표면경화법의 종류를 나타낸 것이다.

1) 침탄(carburizing)

저탄소강의 표면에 탄소를 확산시킨 후 퀜칭하여 경화시키는 방법으로서 목탄을 주성분으로 하는 침탄제 속에서 가열하는 고체침탄, NaCN을 주성분으로 하는 용융염욕 중에서 가열하는 액체침탄, 침탄성 가스분위기에서 가열하는 가스침탄 등의 방법 등이 있다. 침탄층의 두께는 0.1~0.5mm가 적당하다. 침탄층의 두께가 너무 깊으면 취약해지기 쉽다.

표 3.24 확산에 의한 표면경화법의 종류

종 류	확산원소	표면층	금형에 이용
침탄	탄소(C)	마르텐사이트	×
침탄질화	탄소(C), 질소(N)	마르텐사이트	×
질화	질소(N)	질화물	○
연질화	질소(N), 탄소(C)	질화물	△
boronizing	붕소(B)	붕화물	△
sulfurizing	유황(S)	황화물	△
금속침투법	Ti, Cr 등	탄화물, 금속간화합물	○

○ : 많이 이용된다. △ : 이용되는 경우가 있다. × : 이용되지 않는다.

침탄은 보통 950~1,000℃에서 1, 2시간 행하고 상온으로 서냉한 후 재가열하여 퀜칭-템퍼링을 실시한다. 이 때 냉간가공용 금형에서는 저온(180~200℃) 템퍼링을, 열간가공용 금형에서는 고온(350~500℃) 템퍼링을 실시한다. 그러나 침탄층은 반복가열에 의한 열충격에 약하므로 다이캐스팅금형에는 적용하기 어렵다.

2) 침탄질화(carbonitriding)

탄소 외에 질소도 함께 확산침입시켜서 경화시키는 방법으로서, 침탄법보다는 퀜칭할 때의 가열온도를 낮출 수 있고 특히 경화능이 좋아진다. 침탄성분위기에 암모니아(NH_3) 가스를 첨가하여 행하는 가스침탄질화가 일반적인 처리방법이다.

3) 질화(nitriding)

질화는 A1 변태점 이하의 온도인 500~600℃에서 처리하기 때문에 변형이 적은 표면 경화법으로서 금형에 널리 이용되고 있다. 그러나 높은 경도를 얻기 위해서는 Cr, Mo 등의 질화물형성원소를 함유하는 강종에 적용해야 하므로 처리강에 많은 제약이 따른다. 즉, 탄소공구강에는 질화처리를 해도 높은 표면경도를 얻기 힘들다.

질화처리에 의한 경도는 강종이나 처리온도에 따라 다르지만 시판되고 있는 강종 중에는 최고 Hv 1,500에 달하는 것도 있으므로 금형의 내마모성 향상에 매우 효과적인 수단이라 할 수 있다. 특히 질화층에는 압축 잔류응력이 존재하므로 피로강도도 우수해진다.

질화경도의 향상에 가장 효과적인 원소는 Al이고, Cr과 Mo이 그 다음으로 효과적이다. 이는 Al은 AlN, Cr은 CrN이나 Cr_2N, Mo는 MoN이나 Mo_2N 등의 높은 경도를 갖는 질화물을 형성하기 때문이다. 특히 Mo첨가는 질화경도의 향상뿐만 아니라 템퍼링 취성을 방지하는 목적도 갖는다. 금형용 합금공구강에는 필수적으로 Cr이 함유되어 있고, 강종에 따라서는 Cr 이외에도 Mo, W, V 등 질화층의 경도를 향상시키는 합금원소들을 함유하고 있으므로 금형의 내마모성을 향상시킬 수 있다.

질화처리의 방법에는 가스질화법(gas nitriding), 연질화법(soft nitriding), 가스연질화법(gas soft nitriding), 이온질화법(ion nitriding) 등이 있으나 최근 들어 무공해 처리방법이라는 장점 때문에 금형에 많이 이용되고 있는 이온질화법에 대해서 알아보면 다음과 같다.

(1) 이온질화의 원리

밀폐시킨 용기 내의 압력을 1~20Torr로 감압해서 질화처리를 하는 부품을 음극(cathode), 로벽 또는 별도의 전극을 양극(anode)으로 설치한 후, (N_2+H_2) 혼합가스 분위기 중에서 양극 사이에 300~1,000V의 직류전압을 걸어주면 전극 사이에 글로우 방전(glow discharge)이 발생된다. 이 글로우 방전에 의해서 분위기 중의 N_2, H_2 가스는 활성화되어 각각 N^+, H^+로 이온화되면서 음극의 처리부품에 고속으로 충돌한다. 이 N^+ 이온의 높은 운동에너지의 대부분은 열에너지로 바뀌어 처리부품을 가열시키고 동시에 질소가 침입된다. 따라서 로에는 별도의 가열장치가 필요 없다.

(2) 이온질화법의 장단점

이온질화법의 장점을 들면 다음과 같다.

① 다른 질화법에 비해서 작업환경이 매우 좋다.

② 질화속도가 비교적 빠르다.

③ 400℃ 이하의 저온에서도 질화가 가능하다.

④ 가스비율을 변화시켜서 화합물층의 조성을 제어할 수 있다.

⑤ 글로우 방전에 의해서 가열되므로 별도의 가열장치가 필요 없다.

⑥ 가스질화로서는 곤란한 오스테나이트계 스테인리스강이나 Ti 등에도 질화가 가능하다.

⑦ N_2+H_2의 혼합가스를 사용하므로 H^+에 의한 처리품의 표면 청정효과가 있다.

반면에 다음과 같은 문제점도 있다.

① 처리부품을 음극으로 해야 하므로 지그 등에 대하여 충분히 검토하여야 한다.

② 처리부품의 정확한 온도측정이 어렵다.

③ 미세한 홀(hole)의 내면, 긴 부품의 내면 등에는 균일한 질화가 곤란하다.

④ 형상이 복잡한 부품의 균일한 질화도 곤란하다. 이것은 글로우 방전을 이용한 질화 기구이므로 부분적인 온도상승을 일으키기 쉽다는 것이 그 원인이다.

⑤ 수냉이나 유냉 등의 급속냉각이 어렵다.

(3) 금형에의 응용

이온질화의 최대 장점 중의 하나는 가스조성을 변화시킴으로써 표면의 질소농도를 제어할 수 있다는 것으로서, 질화온도를 동일하게 하여도 화합물층의 상 조성을 변화시킬 수가 있다.

표 3.25 이온질화한 금형용 강의 표면경도(Hv)

질화온도(℃)		500		550		600
가스비(N_2/HS)		1/1	4/1	1/1	1/4	1/1
STC3	A	510~530	750~780	750~780	660~720	510~540
	Q/T	760~790	750~780	710~760	640~720	510~540
STS3	A	580~610	770~800	770~800	670~710	500~520
	Q/T	860~900	790~820	780~820	780~820	500~520
STD11	A	1,380~1,450	1,150~1,180	1,120~1,170	1,150~1,200	780~810
	Q/T	1,400~1,430	1,140~1,180	1,110~1,170	1,100~1,160	860~940
SKH51	A	1,250~1,270	1,130~1,150	1,190~1,220	1,190~1,220	760~810
	Q/T	1,450~1,480	1,240~1,270	1,200~1,250	1,210~1,260	950~970

※ A는 전 열처리로 어닐링을 한 상태임
　Q/T는 전 열처리로 퀜칭-템퍼링을 한 상태임.

표 3.25에 대표적인 금형용강에 대해서 여러 가지 처리조건에서 이온질화처리를 할 때 얻어지는 표면경도를 나타냈다. 질화층의 표면경도는 질화 전의 열처리조건이나 질화할 때의 가스비 보다는 질화온도나 강종에 크게 의존한다는 사실을 알 수 있다. 즉, 탄소공구강인 STC3이나 합금 원소량이 적은 STS3은 경도가 높지 않은데 비해서 합금 원소량이 많은 STD11이나 SKH51은 Hv 1,000 이상의 높은 경도가 얻어지고 있다. 따라서 높은 경도를 얻기 위해서는 Cr 등의 합금원소를 충분히 함유한 합금공구강이나 고속도강을 선정하여 500~550℃의 처리온도에서 행하는 것이 바람직하다.

4) 보로나이징(boronizing)

붕소(B)를 확산시키는 방법으로, Hv 1,000 이상의 경도가 얻어진다. 열처리 방법으로는 붕소분말과 촉진제의 혼합분말 중에서 가열하는 분말법, 염화붕소와 H_2를 사용하는 기체법, 붕사를 주체로 한 염욕 중에서 가열하는 액체법 등이 있다. 이 때 표면에 형성되는 FeB나 Fe_2B는 매우 단단하고 취약하므로, 이것들을 분산시키기 위하여 보로나이징 처리 후 확산처리를 행할 필요가 있다. 인발 또는 deep drawing용 금형에 적합하다.

5) 설퍼라이징(sulfurizing)

퀜칭-템퍼링한 금형의 표면에 유황(S)을 확산시키는 방법으로서, 표면조도를 좋게 하므로 마찰계수를 낮추어서 내마모성이 개선된다. 이 방법은 질화성의 염욕에 유황화합물을 첨가한 것을 사용하기 때문에 질소도 함께 확산해 들어간다. 다이캐스팅 금형 또는 플라스틱 성형용 금형 등에 적용할 수 있다.

6) 금속침투법(metallic cementation)

금속침투법은 피복하고자 하는 부품을 가열해서, 그 표면에 다른 종류의 피복금속을 부착시키는 동시에 확산에 의해서 합금 피복층을 형성시키는 방법으로서, 주로 철강 제품에 대하여 행하여진다. 이 방법은 내식성이나 내열성 등의 화학적 성질을 향상시키기 위한 목적과, 경도와 내마모성의 향상을 목적으로 하는 것으로 대별된다.

화학적 성질을 향상시키기 위한 것에는 Al, Zn, Si 및 Cr 등이 있고, 내마모성을 위한 것에는 Ti, Cr 및 V 등이 있다. 이 Ti, Cr 및 V 등은 강력한 탄화물 형성원소로서, 침투 확산하는 과정에서 강에 함유된 탄소와 반응해서 경질의 탄화물을 형성한다. 따라서 이러한 금속침투는 탄화물 피복법이라고 불리어지는 경우가 많고, 또 금형에는 이 탄화물 피복법이 많이 이용되고 있다.

(1) 세라다이징(sheradizing, Zn 침투법)

Zn을 침투 확산시키는 방법으로서, 청분(blue powder)이라고 불리는 300메시(mesh) 정도의 미세한 Zn 분말 속에 경화시키고자 하는 강재를 묻고, 보통 300~420℃에서 1~5시간 동안 처리해서 두께 0.015mm 정도의 경화층을 얻는 방법이다. 한편 용융 Zn욕에 침지하는 방법을 특별히 갈바나이징(galvanizing)이라고 한다.

(2) 크로마이징(chromizing, Cr 침투법)

재료의 표면에 Cr을 침투 확산시켜서 Fe-Cr의 합금층을 형성시키는 방법으로서, 표면 처리할 물건을 침투제인 Cr분말(Al_2O_3을 20~25% 첨가) 속에 파묻고, 환원성 또는 중성 분위기 중에서 1,000~1,400℃로 가열한다. 모재로서는 보통 탄소량 0.20% 이하의 연강이 사용되며, 탄소량이 그 이상으로 되면 Cr 침투가 곤란해진다. 따라서 금형에 사용되는 예는 거의 없다.

Cr이 침투된 표면층은 고 Cr의 조성이 되어 스테인리스강의 성질을 갖게 되므로 내열성, 내식성 및 내마모성이 크게 된다.

(3) 칼로라이징(calorizing, Al 침투법)

철강의 표면에 Al를 침투 확산시키는 법으로서, 이 방법은 Al분말을 소량의 염화암모늄(NH_4Cl)과 혼합시켜 표면처리할 재료와 함께 회전로에 넣어 중성 분위기를 만든 후 850~950℃에서 4~6시간 동안 가열한다. 가열한 후에는 로에서 꺼내서 다시 800~1,000℃에서 12~40시간 동안 가열하여 침투한 Al이 확산되도록 한다. 한편 용해 Al욕에 침지하는 액체법을 알루미나이징(aluminizing)이라고 한다.

(4) 실리코나이징(siliconizing, Si 침투법)

철강에 규소(Si)를 침투시키면 내산성이 향상된다.

3.3 탄화물 피복법(TD Process)

탄화물 피복법은 처리온도가 높기 때문에 변형 발생이라는 관점에서는 비교적 불리하지만 다른 경화법에서는 얻을 수 없는 높은 경도가 얻어지므로 금형에의 적용이 매우 활발하게 이루어지고 있다.

이러한 탄화물 피복법의 처리방법으로는 분말 중에서 가열하는 분말법, 용융염 중에 침지하는 액체법 및 도포제를 도포해서 가열하는 방법 등이 있는데, 이러한 여러 가지 방법 중에서 가장 실용성이 큰 방법은 용융염욕 중에 침지 유지시켜서 철강, 비철금속, 초경합금 및 탄소 등의 표면에 탄화물층을 형성시키는 방법이다. 이 방법은 설비가 간단하고, 처리품의 출입이 자유로우며, 처리 후의 냉각속도를 적당히 선택하면 모재의 퀜칭경화도 동시에 행할 수 있다는 장점이 있다.

이 방법으로 형성되는 탄화물층은 VC, NbC, Cr_7C_3 등의 각종 탄화물로서, 이들 탄화물층은 매우 치밀하고 또한 모재와의 밀착성이 크기 때문에 내마모성, 내소착성, 내산화성, 내식성 및 내열충격성 등이 극히 우수하므로 여러 가지 금형에 응용되어 큰 효과를 얻고 있다. 이들 탄화물 중에서 현재 가장 널리 사용되고 있는 것은 VC이다.

1) 탄화물 피복법의 특징

TD process는 원자단위의 반응으로 반응층을 형성하는 것이므로 표면조도는 다른 확산처리나 도금법과 마찬가지로 양호한 편이다. 또 전기화학적인 작용이 일어나지 않으므로 도금에서와 같이 각진 부위에 두꺼운 층이 형성될 염려도 없다.

한편 다른 확산처리 즉 침탄, 질화 또는 boronizing에서는 모재를 구성하고 있는 원소에 의해서 표면층이 형성되므로, 형성된 층의 특성은 모재에 의해서 결정된다. 그러나 TD 처리에서는 모재로부터 C만을 공급받을 뿐이며 모재와는 전혀 상관없는 조성 및 특성을 갖는 피복층을 형성시킨다는 점에서 다른 확산법과 현저한 차이가 있다.

또한 염욕을 교체함으로써 탄화물의 종류를 비교적 손쉽게 선택할 수 있으므로 내산화성을 요구할 때는 Cr_7C_3를, 내마모성을 요구할 때는 VC를 선택하여 목적에 따라 최적의 탄화물을 피복시킬 수 있다.

그러나 이 TD Process는 처리온도가 800℃ 이상이고, 더구나 모재의 퀜칭경화를 동시에 행하는 경우가 많으므로 변형발생의 면에서는 저온에서 행하는 다른 처리방법에 비해서 불리한 편이다.

2) 탄화물 피복법 처리재의 특성

TD process는 강뿐만 아니라 흑연, 초경합금, Ni 또는 Co합금에도 적용이 가능하지만 강재에 가장 많이 적용하고 있다. 또한 탄화물층뿐만 아니라 붕화물층의 피복도 가능하지만 붕화물피복보다는 탄화물층으로 피복하는 것이 실용성이 크고 조작도 간편하므로 여기서는 탄화물층을 형성시킨 강의 특성에 대해서만 살펴본다.

일반적인 TD처리재의 특성은 다음과 같다.

① 초경합금보다 훨씬 높은 경도 : TD처리에 의한 탄화물 피복층 중 VC층의 경우 Hv 3,500 정도의 높은 경도를 가지므로 boronizing층, 크롬도금층 및 질화층에 비해서 매우 높은 경도를 나타내고, 특히 초경합금보다도 훨씬 높은 경도를 나타낸다. 또한 VC, NbC 및 Cr-C층은 고온경도도 매우 높아서 800℃의 고온에서도 Hv 800 정도의 경도를 나타낸다. 그리고 일단 고온으로 가열되었다가 상온으로 냉각되면 다시 원래의 높은 경도로 되돌아온다.

② 초경합금과 동등 또는 그 이상의 내마모성 : TD처리에 의하여 형성된 탄화물층은 금속, 비금속, 플라스틱, 고무 등 어떠한 물질에 대해서도 현저한 내마모성을 나타낸다.

③ 초경합금보다 우수한 내소착성 : TD처리에 의한 탄화물층은 철강, 알루미늄 및 기타 비철합금에 대해서 극히 우수한 내소착성을 갖는다. 표 3.26은 링압축시험에 의하여 내소착성을 비교한 결과로서, VC 피복층은 상온에서 뿐만 아니라 고온에서도 거의 소착이 일어나지 않는 것을 알 수 있다. 이러한 결과가 의미하는 것은 extrusion이나 drawing가공과 같이 커다란 압력을 받는 금형에 TD처리를 하면 소착이 일어나는 것을 방지할 수 있다는 것이다.

표 3.26 Ring 압축시험에 의한 내소착성의 비교

압축판＼링 시편	상 온		1,200℃
	SM45C	STS304	SM45C
Q/T 처리강 (STD11)	×	×	×
초경합금 (WC-16%Co)	◎	×	-
VC 피복강	◎	○	◎
시험조건	Ring의 크기 : ø20mm×ø10mm×5mm 압축판의 표면조도 : Rmax = 0.08㎛(퀜칭/템퍼링강, 초경합금) 　　　　　　　　　　　　Rmax = 0.06㎛(VC 피복강) 압축률 : 20~45%(상온), 30%(1,200℃, 20분 가열) 윤활 : 윤활제 사용 안 함.		
판정	◎ : 소착 안 됨, ○ : 거의 소착 안 됨, × : 현저히 소착됨		

④ 내산화성 : 내산화성은 탄화물층의 종류에 따라 다르다. VC가 피복된 강은 500℃ 까지 거의 중량증가를 나타내지 않지만 600℃ 이상에서는 산화스케일을 발생시키 고 중량도 증가된다. NbC로 피복된 강도 동일한 양상을 나타내지만 600℃로 가열 한 후 상온으로 냉각시키면 산화된 층이 박리되므로 오히려 중량은 감소되는 것으 로 나타난다. 따라서 이들 탄화물이 피복된 강은 500℃ 이상으로 가열되는 용도로 는 사용이 곤란하다. 한편 Cr-C로 피복된 강은 900℃로 가열시켜도 중량증가는 거의 없고, 표면색의 변화도 보이지 않으므로 매우 양호한 내산화성을 나타낸다.

⑤ 내히트체킹성 : VC 및 Cr-C 피복강의 내히트체킹성은 Q/T 처리강보다 약간 우수 한 것으로 나타났다. 또한 열충격시험에서도 탄화물층의 균열이나 박리는 발생되 지 않았다. 따라서 VC, NbC 및 Cr-C 피복강은 열충격이 걸리는 금형에 사용이 가 능하다.

⑥ 기타 특성 : 앞서 말한 특성 외에 TD처리에 의한 탄화물 피복층이 갖는 특성에는 스테인리스강보다 우수한 내식성과 크롬도금층보다 우수한 내박리성 등이 있다.

3) 탄화물 피복처리의 적용 사례

2.6mm 두께의 연강판 성형 금형으로 STD11강을 Q/T 처리한 후 연질화처리한 금형을 사용하였을 경우, 유성 윤활유를 이용해서 윤활처리를 하면서 가공을 해도 보통 250~300회의 가공 후에는 긁힘(scratch)이 발생하였다. 그러나 이 금형에 TD처리를 적용시킨 결과 작업성이 훨씬 용이한 수용성 윤활유를 사용하고도 1회의 TD 처리당 가공횟수는 4만~5만 회로 약 130배 증가되었다고 한다. 따라서 금형재료비 및 가공비의 절감 효과는 매우 크다.

그림 3.21은 coining punch에 TD처리를 적용했을 때의 효과를 나타낸 것으로, STD 11강에 VC를 피복한 coining punch는 약 7만 회의 가공횟수를 나타냄으로써 SKH51의 고속도강을 Q/T처리한 것과 연질화처리한 것에 비해 수십 배의 수명 향상 효과를 얻고 있다.

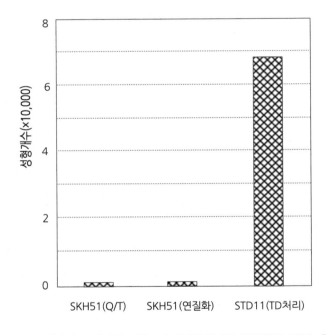

그림 3.21 Coining Punch에 TD처리를 적용했을 때의 효과

4 금형제작

금형제작

1 금형제작 개요

1.1 금형제작 공정

금형의 품질에 따라 제품의 품질이 좌우되기 때문에 우수한 품질의 금형제작이 최우선 과제로 대두된다. 고품질의 금형제작을 위해서는 다음의 사항이 요구된다.

- 금형제작에 사용되는 절삭, 비절삭 가공의 이론적인 이해가 필요함.
- 금형제작 공정 : 제작공정을 이해함으로써 금형제작 수준의 향상이 가능함.
- 금형부품의 가공정밀도 : 치수 정도, 표면 및 형상 정도, 클리어런스 등
- 조립정밀도 및 재현성 : 많은 부품으로 이루어진 금형은 조립되었을 경우 부품들의 상호 위치 정도가 유지되어야 하며, 분해와 조립을 반복하더라도 그 정도가 유지되어야 함.

또한 고정밀도의 금형가공을 실현하기 위해서는 다음 사항을 고려하여야 한다.

- 금형부품의 가공방법을 고려한 금형설계
- 높은 정도와 강성이 있는 공작기계를 사용
- 내마모성이 크고, 고정밀도 가공에 적합한 공구의 선정

- 온도관리를 중심으로 하는 환경 조건 제어
- 데이터 기록, 수집 및 노하우(know-how) 축적

위와 같은 요소들이 참고 되어 제작되는 금형의 제작공정을 흐름도(flow chart)로 나타내면 그림 4.1과 같다.

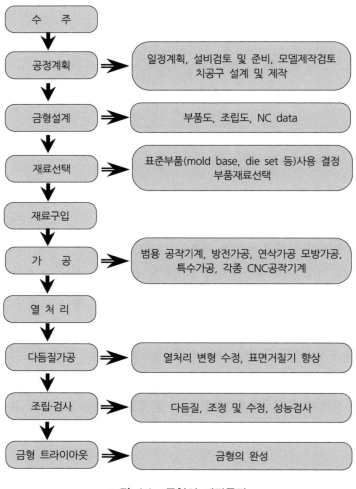

그림 4.1 금형의 제작공정

금형 모델 제작

모델이란 금형을 가공하기 위한 기본으로, 사용 목적에 따라 게이지(gage), 모방 모델 (copying model), 전극(electrode) 등 여러 가지 형태가 있다. 모델의 정밀도는 금형의 정밀도를 좌우한다.

1) 모델 제작용 재료

금형을 제작할 때 사용하는 모델 재료의 구비조건은 다음과 같다.

① 가공이 쉽고 작업을 간단하게 할 수 있어야 한다.

② 형상을 정확하고 완전하게 복제할 수 있어야 한다.

③ 모델 제작 후 수정이 쉬워야 한다.

④ 재료의 팽창이나 수축 등 치수의 변화가 적어야 한다.

⑤ 표면경도가 높고 내구성이 커야 한다.

⑥ 가격이 저렴하고 구하기가 쉬워야 한다.

모델 제작용 재료는 모델의 사용 목적에 따라 금속재료, 비금속재료 및 금속과 비금속의 혼합재료가 사용되고 있다. 금속재료에는 연강과 같은 철계 금속재료, 구리와 구리합금, 알루미늄합금(Al-alloy), 니켈과 니켈합금(Ni-alloy) 및 아연합금(Zn-alloy)과 같은 저융점 합금도 사용된다. 비철금속재료에는 합성수지, 석고, 목재, 파라핀, 왁스, 점토, 시멘트(cement) 등이 사용된다. 또한 금속과 비금속 혼합재료로는 금속과 수지의 혼합재 등이 사용된다.

2) 모델의 분류와 제작

금형 제작용 모델을 형상으로 분류하면 평면 모델과 입체 모델로 구분할 수 있다. 평면 모델에는 도면 모델과 판 게이지가 있고, 입체 모델에는 전체 모델과 부분 모델 그리고 입체 단면 모델이 있다.

(1) 평면 모델

평면 모델은 모방 가공기계의 모형이나, 제품 검사 등에 사용하고 있다. 평면 모델에는 도면 모델과 판 게이지 모델이 있다.

① 도면 모델

치수 안정성을 갖는 플라스틱 판에 축척을 수배에서 수십배까지 확대하여 제작하고, 팬터그래프(pantograph) 기구에 의해 축소가공을 하여 금형을 가공하는 모델이다.

② 판 게이지(plate gage)

금형을 가공할 때 많이 사용되며, 금형의 형상, 윤곽 및 단면 깊이 가공을 하거나 다듬질할 때 실제 금형의 치수와 같은 판 게이지를 각각 단면 형상과 깊이에 따라 모델을 제작하여 사용한다.

(2) 입체 모델

입체 모델은 사용 목적, 사용 재료에 따라 제작법이 달라진다. 실물이 있는 경우에는 실물을 복제하면 되지만 실물이 없는 경우에는 원형이나 모델을 제작하여야 한다.

① 실물 원형

기성품을 원형 그대로 사용하는 것이지만, 사용 중에 파손되지 않을 정도의 강도와 경도를 가지고 있어야 한다.

② 목재 원형

목재는 원형 제작에 가장 많이 사용되며, 석고나 합성수지 모형의 원형으로도 사용된다. 모델 제작에 사용될 목재는 완전 건조되어 변형이나 균열이 가지 않아야 하며, 모방 가공에 사용될 경우에는 필러(feeler)의 압력에 견딜 수 있는 경질 목재를 사용해야 한다.

③ 점토 원형

점토를 사용하여 어떤 형상을 만드는 것은 오래 전부터 사용되어온 기술이다. 점토 원형을 만드는데 사용되는 기름점토는 점토에 기름을 섞어서 적당한 강도를 가지며, 방치하여도 경화하지 않아 복잡한 형상의 원형을 제작하기에 적당하다.

④ 석고 원형

석고 원형은 판 게이지 등을 이용하여 만드는데, 석고가 완전 건조하면 경화하므로 건조가 끝나기 전에 성형가공을 끝내야 한다. 다른 물체와 접합할 때에는 접합부에 보강용 쇠그물이나 보강용 섬유 등을 넣어 강도를 보강하기도 한다.

⑤ 절삭가공에 의한 원형

절삭가공으로 모델을 만들 때에는 가공이 쉬운 목재, 플라스틱, 연한 금속 등을 사용해서 각 부분을 분할 절삭해서 조립하여 만들거나 형조각 방법으로 만든다.

2 기계가공에 의한 금형제작

금형의 제작에 기본이 되는 가공은 여러 가지 종류의 공작기계를 사용한 절삭가공으로, 기계적 제거가공이다. 절삭은 소재에서 불필요한 부분을 칩(chip)으로 제거하여 제품을 제작하는 방법이다. 이 때 사용되는 기계를 공작기계라 하고 공구로는 단인공구, 다인공구 및 입자로 된 공구 등이 사용된다.

금형에는 시계, 컴퓨터 및 프린터 부품 등의 작은 것부터, 자동차 차체의 드로잉 금형과 같은 큰 것까지, 크기, 형상, 금형의 종류, 재료 등에 따라 다양한 종류가 있으며, 금형의 구성 부품 가공에는 여러 가지 기계가공 방법들이 사용되고 있다.

2.1 선삭

1) 선삭가공의 종류

선삭(turning)은 공작물을 기계 주축에 고정하여 회전시키고 공구를 세로이송 및 가로이송하여 회전체 공작물의 원통면, 내면, 단면을 절삭하는 가공이다. 선삭에 사용되는 공작기계를 선반이라 하고, 선반에서 할 수 있는 가공은 그림 4.2에 나타낸 것과 같이 매우 다양하다. 선반에서는 공작물의 원통면뿐만 아니라 심압대에 공구를 설치하면 공작물 내면 드릴링 및 보링 가공도 할 수 있다.

공작물이 회전체 형상인 경우에는 대부분 선삭으로 가공되고 있다. 금형 부품의 가공 예로서는 둥근 펀치, 다이 부시, 가이드 포스트, 가이드 부시 등의 절삭, 테이퍼 절삭, 나사 절삭, 널링 등에 널리 이용된다.

① 원통절삭(straight turning)

회전체 공작물의 원통면을 일정한 직경으로 절삭하는 가공이다.

② 테이퍼 절삭(taper turing)

공작물의 형상을 축방향에 따라 직경이 선형적으로 감소 또는 증가하는 테이퍼로 절삭하는 가공이다.

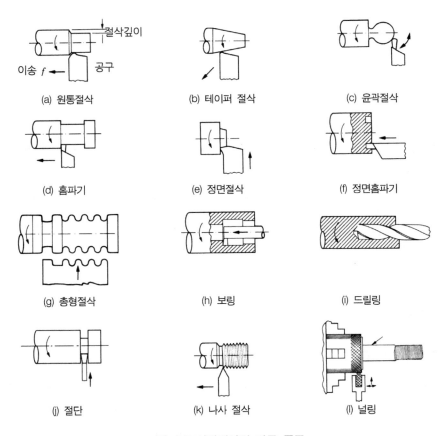

그림 4.2 선반에서의 가공 종류

③ 윤곽절삭(coutour turning)

　회전체 공작물의 곡면을 절삭하는 가공으로 공구의 세로이송에 따라 가로이송이 같이 이루어져야 한다. 모방장치가 있는 선반이나 NC선반에서 가공이 가능하다.

④ 홈파기(grooving)

　공작물의 원통면에 그루브를 내는 가공이다.

⑤ 정면절삭(facing)

　회전체 공작물의 정면을 대상으로 하는 가공이다.

⑥ 정면홈파기(face grooving)

　공작물의 정면에 홈을 파는 가공이다.

⑦ 총형절삭(form turning)

　가공하고자 하는 형상과 요철이 반대로 제작한 총형공구(form tool)를 가로방향으로 이송하여 원통부 형상을 절삭하는 가공이다.

⑧ 보링(internal turning or boring)

　심압대에 보링공구를 설치하여 공작물의 내면을 절삭하는 가공이다.

⑨ 드릴링(drilling)

　심압대에 드릴을 장착하여 정면에 구멍을 뚫는 가공이다.

⑩ 절단가공(cutting off)

　공구를 가로방향으로 이송하여 공작물을 절단하는 가공이다.

⑪ 나사절삭(threading)

　공작물 회전에 따라 일정한 비로 왕복대를 세로이송시켜서 원통부나 내면에 나사를 절삭하는 가공이다.

⑫ 널링(knurling)

　공구를 압착하여 원통부에 규칙적인 모양을 각인하는 작업으로 절삭이 아니고 소성가공이다. 일명 깔주기작업이라고도 한다.

2) 선반의 종류

선반은 그림 4.3에 나타낸 것과 같으며, 주요 구조는 주축대, 왕복대, 심압대, 베드로 구성이 되어 있다. 주축대 내부는 기어장치로 구성되어 기어물림에 의해 공작물의 회전 속도를 설정할 수 있도록 되어 있으며, 주축의 회전과 일정한 바로 리드스크루가 회전할 수 있도록 변속기어장치가 구성되어 있다. 왕복대은 베드 위에 설치되며 복식공구대가 장착되어 바이트가 세로이송 및 가로이송을 할 수 있도록 되어 있다. 더욱이 리드스크루에 물려주면 주축과 일정한 비로 회전하여 자동이송 및 나사가공 등에 활용할 수 있다.

심압대의 기능은 두 가지인데 첫 번째는 길이가 긴 공작물의 센터작업시 센터를 심압 대에 장착하여 공작물의 중심을 지지해 주는 역할을 하며, 두 번째는 심압대에 드릴, 보링바 등의 공구를 설치하여 원통형 공작물의 내면 가공을 하는데 사용된다. 한편, 베드는 베드 위에 주축대, 왕복대 및 삼압대가 설치되고 절삭저항을 지탱해야 하므로 충분한 강성을 갖도록 설계 제작하여야 한다.

선반은 보통선반을 기본으로 여러 가지 가공목적에 적합하도록 몇 가지 종류가 고안되어 사용되고 있다.

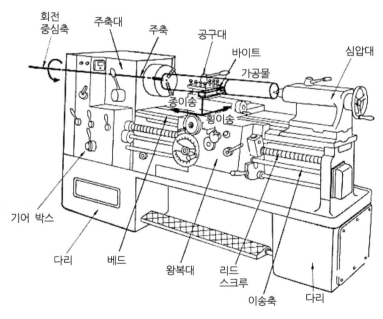

그림 4.3 선반의 기본구조

(1) 보통선반(engine lathe)

기본적인 선반으로 공작기계 중 가장 많이 사용되고 있다. 선반의 크기는 대략 베드 위의 스윙이 300~600mm이고, 센터거리가 600~1,200mm인 것이 주종을 이루고 있다. 보통선반은 초기 선반이 증기엔진을 원동기로 사용한 것에 유래되어 engine lathe라고 한다.

(2) 탁상선반(bench lathe)

작업대 위에 고정시켜 사용하는 소규모의 보통선반이다. 크기에 따라 베드 위의 스윙이 150mm 이하, 양 센터간 거리 300mm 이하인 시계선반과 스윙이 300mm 이하이고, 양 센터간 거리가 500mm 이하 정도의 캐비네트형 탁상선반으로 분류된다. 전자는 주로 센터작업이나 콜릿척에 의한 봉재작업, 후자는 콜릿척이나 조(jaw)가 3개 또는 4개인 척을 사용할 수 있다. 또 리드스크루를 갖추고 있다. 기계조작은 보통선반과 같지만 다듬질 정밀도는 높은 것이 요구된다.

(3) 속도선반(speed lathe)

선반 중 가장 간단한 구조로 베드, 주축대, 심압대 및 공구를 지지하는 조절 안내부로 구성되어 있다. 스핀들은 4,000rpm 정도로 고속회전을 하며, 목재가공 또는 용기의 스피닝 등에 사용된다.

(4) 수직선반(vertical lathe)

공작물이 수평면 내에서 회전하는 테이블 위에 고정되며, 공구대는 크로스레일 또는 칼럼 위를 이송운동하는 선반이다. 직경이 큰 가공물 또는 모양이 복잡하고 중량이 무거운 제품을 가공할 때 이용된다.

(5) 모방선반(copying lathe)

형판의 윤곽을 따라 공구대가 자동적으로 세로 및 가로 이송을 하여 형판과 같은 모양의 윤곽을 깎아내는 선반이다. 형판 대신에 모형 또는 실물을 사용하는 것도 있다.

모방 방식에는 유압식, 유압-공기압식, 전기식, 전기유압식 등이 있다. 이들의 모방절삭장치는 보통 선반에 장치하여 보조적으로 사용할 수도 있다.

(6) 정면선반(face lathe)

큰 면판을 갖고 있으며, 공구대가 주축에 직각방향으로 충분하게 움직이는 선반으로 주로 정면절삭에 사용된다. 소형 정면선반은 보통 선반의 베드를 짧게 하여 심압대를 제거한 것이지만, 대형 정면선반은 튼튼한 주축대에 큰 면판을 갖추고 있으며, 왕복대는 주축중심선과 직각으로 긴 안내면을 갖는 크로스베드에 있고 면판에 따라 긴 자동 가로이송을 할 수 있는 구조로 되어 있다.

(7) 공구선반(toolroom lathe)

공구가공을 위한 여러 가지 부속장치가 구비되어 있는 선반으로, 주로 무단변속장치를 채택하고 있다. 정밀도가 높고 속도변환 및 이송범위가 크다. 각종 절삭공구, 게이지, 다이 및 정밀한 기계부품 가공에 활용된다.

(8) 터릿선반(turret lathe)

터릿에 여러 가지 공구를 공정 순서대로 장착해 놓고 터릿을 선회시켜 각 공정의 가공을 수행할 수 있도록 고안된 선반이다. 소형 터릿선반은 램형(ram type)으로 제작하여 작은 부품들을 가공하는데 적합하며, 대형은 새들형(saddle type)으로 터릿이 새들에 설치되어 강력절삭을 할 수 있고 새들이 베드 위를 이동하므로 긴 공작물의 가공에 적합하다.

(9) 자동선반(automatic lathe)

자동선반은 대량생산을 목적으로 캠이나 유압 기구를 이용하여 선반의 조작을 자동화한 선반이다. 공작물의 공급, 절삭, 가공된 제품의 분리와 배출 등 모든 작업이 자동적으로 이루어지는 것을 전자동이라고 하고 공작물의 장착과 가공 후 탈착은 수동으로 하는 것을 반자동이라고 한다. 작업방식에 따라 봉재작업용, 척작업용, 센터작업용 3종으로 대별되는데, 봉재작업용은 긴 소재를 자동으로 공급하여 부품을 대량생산하기 위한 것으로 대부분 전자동 선반이 사용된다.

(10) 전용선반

특정한 제품을 전용으로 가공하기 위해서 제품의 형상을 고려한 특수한 고안이 부착되어 있는 선반이다. 철도차량용 차축이나 차륜 가공을 위한 차축선반 및 차륜선반, 크랭크 축 베어링 저널부분 가공을 위한 크랭크 축 선반 등이 있다.

(11) 수치제어(NC) 선반(numerical control lathe)

서보기구를 채용하여 NC코드에 의해 공구선택, 절삭조건, 공구경로 등을 제어하는 선반으로, 복잡한 형상의 공작물을 용이하게 가공할 수 있다. 최근에는 CAM S/W의 발달로 NC코드를 쉽게 생성할 수 있으며, 가공 전에 가공시뮬레이션도 할 수 있다. 그림 4.4는 수치제어 선반의 사진이다.

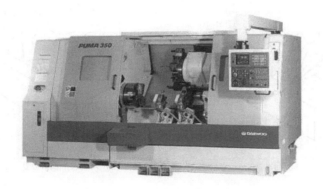

그림 4.4 수치제어 선반

2.2 밀링

1) 밀링가공의 종류

밀링(milling)은 공구를 회전시키고 공작물을 상하, 전후, 좌우로 이송시켜 평면, 곡면 및 각종 형상의 공작물을 가공하는 작업이다. 밀링은 여러 개의 날이 있는 공구를 사용하기 때문에 생산성이 우수하며, 커터의 종류도 매우 많아 다양한 가공이 가능하다. 그리고 회전바이스나 분할대 등 부속장치의 사용에 따라 나선가공, 분할가공 등 여러 가지 가공을 할 수 있다.

밀링의 작업방식은 그림 4.5에 나타낸 바와 같으며, 크게 외주밀링과 정면밀링으로 구분된다.

외주밀링(peripheral milling)은 플레인밀링(plain milling)이라고도 하며, 밀링커터의 원통 외주부에 날이 있어 공구의 회전축과 평행한 면이 가공된다. 그림 4.6은 여러 가지 외주밀링 작업을 나타낸 것이다. 그림에서 슬래브밀링은 폭이 넓은 밀링커터로 평면을 절삭하는 작업이며, 슬로팅은 폭이 좁은 공구를 사용하여 긴 홈을 가공하는 작업이다. 사이드밀링은 공작물의 측면부를 대상으로 가공하는 작업이며, 스트래들밀링은 밀링커터를 두 개 사용하여 공작물의 양쪽 측면부를 동시에 가공하는 작업이다.

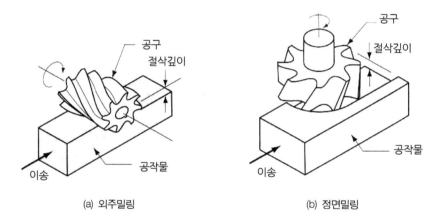

(a) 외주밀링   (b) 정면밀링

그림 4.5 외주밀링과 정면밀링

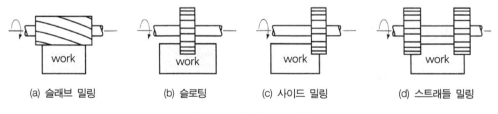

(a) 슬래브 밀링   (b) 슬로팅   (c) 사이드 밀링   (d) 스트래들 밀링

그림 4.6 외주밀링의 종류

정면밀링(face milling)은 공구의 단면과 단면부 원통에 날이 있어 공구의 회전축에 수직한 면이 주 가공대상이 된다. 정면밀링에서도 절삭은 단면 외주부의 날이 주로 담당하며, 단면부의 날은 가공면을 다듬질한다. 그림 4.7은 여러 가지 정면밀링 작업을 나타낸 것이다. 그림에서 (a)와 (b)는 정면밀링커터를 사용한 작업으로 넓은 면이나 또는 면의 일부분이 평면으로 가공된다. 그림 (c)~(f)는 엔드밀을 공구로 사용하는 작업으로, 엔드밀링은 따로 분류하는 경우도 있으나 작업방식에서는 정면밀링에 포함된다. 엔드밀링은 공구의 직경이 작고 종류가 다양하며, 홈파기, 윤곽절삭, 포켓절삭, 곡면절삭 등의 다양한 가공에 사용된다.

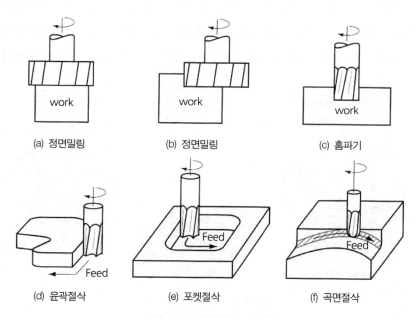

(a) 정면밀링   (b) 정면밀링   (c) 홈파기

(d) 윤곽절삭   (e) 포켓절삭   (f) 곡면절삭

그림 4.7 정면밀링의 종류

2) 밀링머신의 종류

밀링의 활용범위는 매우 넓으며, 생산성이 높은 가공방법으로, 여러 종류의 공작기계가 개발되어 사용되고 있다. 밀링머신에는 가공의 유연성을 기본방향으로 개발된 것, 모형에 대한 복제 생산에 중점을 둔 것, 대량생산을 목표로 한 것, 수치제어에 의하여 밀링뿐만 아니라 다른 기본적인 절삭가공이 가능하도록 한 것 등이 있다.

(1) 니칼럼 밀링머신(knee-and-column milling machine)

니칼럼이라는 명칭은 기계의 주요부품인 니와 칼럼에서 따온 것이며, 가장 기본적인 밀링머신으로 니(knee), 새들(saddle), 테이블(table), 칼럼(column) 등으로 구성되어 있다. 공작물은 테이블에 고정되는데 상하, 전후, 좌우로 이동시킬 수 있다.

니칼럼 밀링머신은 그림 4.8에 나타낸 바와 같이 수평밀링머신과 수직밀링머신 두 가지 형식이 있다. 두 형식 모두 공작물의 이송방법은 동일하나, 수평형은 주축이 칼럼 상부에 수평방향으로 위치해 있다. 밀링커터는 아버에 고정시키고 아버가 주축에 장착되어 회전된다. 절삭력에 의해 아버가 변형되는 것을 방지하기 위하여 아버의 끝단은 오버암으로 지지시킨다. 수평밀링머신에는 플레인밀링커터, 사이드밀링커터 등이 사용된다. 한편, 수직밀링머신은 주축헤드가 테이블에 수직으로 위치해 있으며, 커터는 아버를 사용하지 않고 스핀들에 바로 연결되고 주로 정면밀링커터와 엔드밀 등이 사용된다.

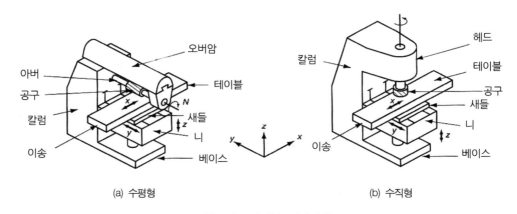

(a) 수평형   (b) 수직형

그림 4.8 니칼럼 밀링머신

(2) 베드 밀링머신(bed milling machine)

베드 밀링머신은 가공능률에 주안점을 두어 기능을 단순화하고 자동화시킨 밀링머신으로, 새들과 니가 없이 테이블을 베드 위에 설치하여 좌우 이송만 시키는 방식이 사용되고 있다. 기계의 강성이 커서 니칼럼 밀링머신에 비해 중절삭이 가능하다.

베드 밀링머신에는 주축 헤드가 1개 있는 단두형, 2개 있는 쌍두형, 3개 이상인 다두형이 있다. 쌍두형이나 다두형은 각 스핀들에 공구를 물려 동시에 절삭을 할 수 있기 때문에 가공시간을 크게 단축시킬 수 있다. 베드 밀링머신은 생산성을 가장 큰 목표로 하고 있으며, 생산형 밀링머신(production type milling machine)이라고도 한다.

(3) 플레이너 밀링머신(planer milling machine)

플레이너 밀링머신은 대형 공작기계 중의 하나이며, 플라노밀러(plano-miller)라고도 한다. 대형 공작물을 테이블에 설치하고 테이블을 이송시키면서 가공하는 방식에서는 플레이너와 동일하나, 플레이너에서는 바이트를 사용하여 절삭하는데 비하여 플레이너 밀링머신에서는 밀링커터를 사용하기 때문에 효과적인 가공을 할 수 있다. 밀링헤드와 커터를 교환할 수 있기 때문에 공작물을 한번 설치하여 다양한 가공을 수행할 수 있다.

(4) 모방 밀링머신(profile milling machine)

모방 밀링머신은 그림 4.9에 도시한 바와 같이 트레이싱 프로부(tracing probe)가 형판 위를 움직이면서 형판의 형상을 복제 가공할 수 있도록 전기적이나 공압액추에이터 등의 방식에 의해 공작물 이송을 제어하면서 가공하는 기계이다.

모방 밀링머신은 단순 이송만으로 가공하기 어려운 제품 제작에 많이 사용되어 왔으나, 최근에는 CNC밀링이 이를 대체하고 있는 추세이다.

그림 4.9 모방 밀링머신

(5) 특수 밀링머신

특수한 가공을 위한 장치를 부착하거나 특정한 가공에 적합하도록 구조를 변경한 밀링머신이다. 공구 밀링머신, 나사 밀링머신 등이 있다.

(6) CNC 밀링머신(CNC milling machine)

서보장치를 채용하여 공구궤적을 수치제어하면서 가공하는 밀링머신이다. 2축이나 3축제어를 통하여 곡면밀링, 포켓밀링, 윤곽밀링 등의 작업을 효과적으로 할 수 있다.

2.3 드릴링

1) 구멍가공의 종류

구멍은 기계부품에서 가장 많이 나타나는 형상으로 단순체결을 위한 볼트구멍, 다른 부품이 끼워 맞춰지는 정밀한 조립을 목적으로 하는 구멍, 내면이 다른 기계요소와 상대운동을 하는 구멍 등 그 용도가 매우 다양하다. 또한 구멍의 크기도 노즐이나 금형 등에서 볼 수 있는 직경이 매우 작은 구멍에서 하우징이나 실린더 내부처럼 직경이 매우 큰 구멍이 있으며, 구멍의 깊이도 얕은 것에서 깊은 것까지 여러 가지 형상이 있다. 구멍은 가공정밀도와 형상에 따라 이를 가공하는 공정도 달라진다.

구멍과 관련된 가공 종류는 그림 4.10과 같으며, 그 특징은 다음과 같다.

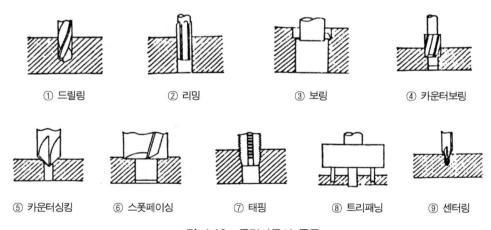

| ① 드릴링 | ② 리밍 | ③ 보링 | ④ 카운터보링 |

| ⑤ 카운터싱킹 | ⑥ 스폿페이싱 | ⑦ 태핑 | ⑧ 트리패닝 | ⑨ 센터링 |

그림 4.10 구멍가공의 종류

① 드릴링(drilling)

드릴을 회전시키고 고정된 공작물에 드릴을 이송시켜 구멍을 가공하는 작업으로, 대부분 두 개 날의 트위스트 드릴이 사용된다.

② 리밍(reaming)

드릴로 뚫은 구멍을 정확한 치수로 가공하는 작업이다. 리밍에 사용되는 공구를 리머라 하며, 리머는 여러 개의 날을 갖고 있다.

③ 보링(boring)

구멍의 크기를 확대하고 구멍 내부를 완성하는 가공으로 큰 직경의 구멍, 단붙이 구멍, 구멍 내면의 홈파기 가공을 할 수 있다. 그리고 보링은 중심위치와 형상을 바로잡기 위한 가공이다.

④ 카운터보링(counterboring)

작은 나사 머리, 볼트 머리 등이 공작물에 묻히게 하기 위해서 구멍의 한쪽 부분을 확대하는 가공이다.

⑤ 카운터싱킹(countersinking)

구멍의 한 쪽을 원추형으로 가공하는 것으로 접시머리 나사의 머리 부분을 공작물에 묻히게 한다.

⑥ 스폿페이싱(spotfacing)

볼트머리, 너트, 와셔 등이 닿는 구멍 단면 부분을 평탄하게 깎아서 자리를 만드는 가공이다.

⑦ 태핑(tapping)

구멍 내면에 나사를 깎는 가공이다.

⑧ 트리패닝(trepanning)

두께가 얇은 공작물에 큰 구멍을 뚫을 때 사용하는 방법으로 구멍의 원주부분 재료만 제거하여 구멍을 가공하는 방법이다.

⑨ 센터링(centering)

정밀한 구멍가공을 위하여 구멍의 중심위치를 내기 위한 가공이다. 그리고 선반에서 센터 작업시 공작물의 센터 지지부를 가공하는데도 사용된다.

2) 드릴링머신의 종류

드릴링머신은 구멍 뚫는 작업뿐만 아니라 직경이 작은 구멍의 태핑, 리밍 등의 가공에도 활용된다. 드릴링머신은 대부분 수직형이며, 공작물이 고정되는 테이블은 이동이 가능하며, 고정구를 설치할 수 있도록 표면에 홈이 파여져 있다.

구멍은 드릴을 회전시키고 드릴에 이송을 주어 가공하는데, 드릴링시 발생되는 토크는 무거운 공작물을 회전시킬 수 있을 정도로 크기 때문에 작업의 안전 및 정확성을 기하기 위해서 공작물은 견고하게 고정시켜야 한다. 적절한 절삭속도로 가공하기 위해서는 드릴링머신의 주축 회전속도를 드릴의 크기에 따라 조정할 수 있어야 한다. 풀리, 기어, 가변식 모터가 이러한 조정에 사용되고 있다.

드릴링 머신의 크기는 가공할 수 있는 구멍의 최대 직경과 테이블에 설치할 수 있는 공작물의 최대 크기로 나타낸다.

(1) 탁상 드릴링머신(bench type drilling machine)

탁상 드릴링머신은 헤드, 테이블, 베이스, 칼럼으로 구성되어 있고 작업대 위에 설치한다. 테이블에 공작물이 고정되며, 테이블은 칼럼을 따라 상하 이동시킬 수 있으며, 드릴의 이송은 수동으로 한다. 드릴의 직경이 15mm 이하로 비교적 작고, 깊지 않은 구멍 가공에 적합하다.

(2) 플로어형 드릴링머신(floor type drilling machine)

구조는 탁상 드릴링머신과 동일하며, 공장 바닥에 바로 설치한다.

(3) 수동이송 드릴링머신(sensitive drilling machine)

금형이나 공구 등에서 많이 볼 수 있는 매우 작은 구멍 가공을 위한 기계로 30,000 rpm 정도의 고속회전이 가능하다. 드릴 이송시에 발생되는 힘과 진동을 작업자가 민감하게 느낄 수 있는 구조로 되어 있어, 구멍의 불량이나 드릴의 파손을 방지할 수 있다.

(4) 직립 드릴링머신(upright drilling machine)

구조는 탁상형과 동일하나 이송을 자동으로 할 수 있고 탁상형보다 비교적 대형 공작물의 드릴가공에 사용된다. 테이블은 칼럼에 대하여 상하로 이동과 선회가 가능하고 자체 회전하는 구조로 되어 있으며, 동력전달과 주축의 속도 변환에는 단차식 또는 기어식이 사용되며, 주축 역회전 장치가 있어 태핑을 할 수 있다.

(5) 레이디얼 드릴링머신(radial drilling machine)

레이디얼 드릴링머신은 대형 공작물의 드릴가공에 사용된다. 주축헤드가 암(arm)에 붙어 있고 안내면을 따라 수평방향으로 이동할 수 있게 되어 있다. 암은 칼럼(column)의 슬리브(sleeve)에 끼워져 있어서 상하로 이동시킬 수 있으며, 칼럼축에 대해 선회시킬 수 있으므로 주축헤드의 이동 범위가 매우 넓다.

보통형, 준만능형, 만능형 세 가지 방식이 있는데, 보통형은 수직구멍만 가공할 수 있는 구조이며, 준만능형은 수직면에 대해 스핀들헤드의 선회가 가능하여 경사진 구멍을 가공할 수 있으며, 만능형은 암과 스핀들헤드의 선회가 가능하여 임의의 위치에 있는 경사진 구멍이라도 가공이 가능한 구조이다.

(6) 다축 드릴링머신(multiple spindle drilling machine)

주축의 회전을 여러 개의 스핀들에 전달하는 구조로 되어 있어 다수 개의 구멍을 동시에 가공할 수 있다. 구멍의 정확한 위치와 진직도를 높이기 위하여 드릴지그를 사용하여 작업하는 경우가 많이 있다.

(7) 조합(다두) 드릴링머신(gang drilling machine)

여러 개의 드릴헤드를 단일 테이블 위에 조합한 드릴링머신으로, 테이블에는 이송기능이 부여되어 있다. 드릴링, 보링, 리밍 등의 구멍가공을 위한 공구들을 순서적으로 배치하고 테이블을 이송시켜 일련의 가공을 단시간에 완료할 수 있다.

(8) 심공 드릴링머신(deep hole drilling machine)

중공축, 포신 등의 깊은 구멍을 가공하기 위한 드릴링 머신으로 공작물을 회전시키고 드릴에는 이송을 준다. 수평형과 수직형이 있는데 수평형이 설치 및 조작이 유리하여 많이 사용되고 있다.

(9) 터릿 드릴링머신(turret drilling machine)

드릴, 리머, 보링바 등 구멍가공을 위한 각종 공구를 터릿에 장착하여 효과적으로 다양한 구멍 형상을 가공할 수 있다. 최근에는 CNC화 되어 각 스핀들의 회전속도, 이송 등을 제어하여 효율적인 구멍가공을 할 수 있다. 그림 4.11은 CNC 드릴링머신으로 태핑센터라고 부르는 기계로, 공구대에 구멍가공을 위한 여러 가지 공구가 설치되어 있음을 볼 수 있다.

그림 4.11 태핑센터

2.4 리밍

드릴은 공작물을 파고들 때 표면에서 치즐에지가 미끄러지면서 자리를 잡기 때문에 드릴링머신 중심축과 치즐에지가 정확히 일치하기 힘들다. 따라서 드릴링한 구멍은 진원이 아니고 구멍이 휘어져 있을 수도 있으며, 구멍의 정밀도는 좋지 않다.

리밍은 드릴로 뚫은 구멍을 정확한 치수로 다듬질하는 가공으로 절삭깊이는 0.2mm 이내로 한다. 즉, 리밍까지 하는 경우 드릴링 구멍의 직경은 목표 치수보다 0.4mm 정도 작은 직경으로 가공을 한다. 리밍에 사용되는 공구를 리머라 하며, 드릴링에 비하여 절삭속도는 2/3~3/4 정도 느리게 하며, 이송은 2~3배 빠르게 해서 가공한다. 리밍에는 별도의 공작기계를 필요로 하지 않으며 드릴링에 사용한 기계에 리머를 장착하여 가공한다.

리밍한 구멍은 치수 정밀도가 좋고 가공면이 매끄럽게 된다. 구멍의 진직도도 어느 정도는 향상되지만 리밍에 사용되는 공구 리머도 직경에 비해 길이가 길기 때문에 휘어진 구멍을 정확하게 곧은 구멍으로 수정하기는 어렵다.

2.5 보링

보링은 드릴링한 구멍 또는 주조나 단조 제품에서 뚫려져 있는 구멍을 확장하고 구멍의 내부 형상을 완성하기 위한 가공으로 큰 직경의 구멍, 단붙이 구멍, 테이퍼 구멍, 구멍 내면의 홈파기 등에 활용된다.

그림 4.12는 대표적인 보링작업을 나타낸 것으로, 보링공구는 절삭깊이를 미세하게 조정할 수 있고 보링바를 홀더에 편심시켜 장착하여 큰 구멍을 용이하게 가공할 수 있다. 특히, 보링은 단인공구로 가공을 하기 때문에, 절삭저항이 날에 일정하게 작용하여 공작기계 주축에 대한 동심도가 매우 우수해지며 구멍의 진직도를 향상시킬 수 있다.

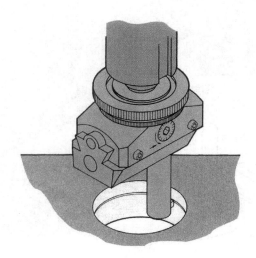

그림 4.12 보링 작업

보링은 공구 또는 공작물을 회전시켜 작업을 하는데, 공작물을 회전시키면서 가공하는 경우에는 일반적으로 정밀도가 저하된다. 보링은 보링 전용가공을 위한 보링머신을 비롯해서 밀링머신, 선반, 드릴링머신, 머시닝센터 등 다양한 공작기계에서 작업이 가능하다.

(1) 수평 보링머신(horizontal boring machine)

대표적인 보링머신으로 구조는 그림 4.13과 같으며, 주축이 수평으로 설치된 보링머신이다.

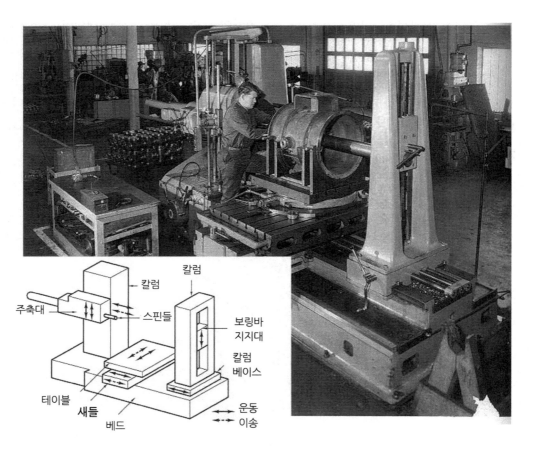

그림 4.13 수평 보링머신

보링 이외에 밀링, 드릴링, 리밍, 선삭 등의 각종 작업이 가능하다. 수평 보링머신은 주축 칼럼과 보링공구 지지를 위한 칼럼이 있어 두 칼럼 사이에 보링바를 설치하고, 보링바에 보링바이트를 고정하여 주축의 회전운동으로 절삭가공을 한다. 수평 보링머신은 구조에 따라서 테이블형, 플로어형, 플레이너형으로 구분된다. 테이블형은 새들이 있어 공작물을 전후 좌우로 움직일 수 있으며, 플로어형은 공작물 고정에 T홈이 있는 바닥판을 사용하여 대형 공작물 가공에 사용된다. 플레이너형은 테이블형과 유사하나 새들이 없어 공작물을 한쪽 방향으로만 움직일 수 있으며, 비교적 무거운 공작물의 보링에 사용된다.

(2) 지그 보링머신(jig boring machine)

지그, 금형 등에서 고정밀도를 요하는 구멍의 가공에 사용되는 전용기계이다. 지그 보링머신에는 테이블과 주축대의 정밀한 위치결정을 위한 보정장치, 표준봉 게이지와 다이얼 게이지, 광학적 측정장치 등이 구비되어 있다.

(3) 정밀 보링머신(fine boring machine)

고속 보링가공을 할 수 있는 기계로 다이아몬드나 초경합금 공구를 사용하며, 고속 경절삭으로 정밀한 보링가공을 할 수 있다. 자동차 공업의 발달과정에서 개발된 기계로 엔진 실린더, 피스톤 핀 구멍, 커넥팅 로드의 구멍 등의 보링에 많이 사용되고 있다.

(4) 수직 보링머신(vertical boring machine)

수직 보링머신은 공작물이 고정되는 테이블이 회전되고, 보링공구는 크로스레일을 따라 좌우로 움직이고 슬라이더에 의하여 상하로 이동하면서 가공하는 기계이다. 보링뿐만 아니라 수평면 가공이나 수직 선삭작업을 할 수 있으며, 대형 풀리나 플랜지 등의 가공에 사용된다.

2.6 셰이핑

셰이핑은 그림 4.14와 같이 공구를 직선왕복운동 시키며 공작물에 이송을 주어 가공하는 방법으로 형삭이라고도 한다. 그림 4.15는 셰이핑에 사용되는 공작기계로 셰이퍼

(shaper) 또는 형삭기라고 한다. 셰이퍼에서 직선왕복운동하는 부품을 램(ram)이라 하는데, 일반적으로 램이 전진운동을 하면서 절삭을 하게 되고 램이 복귀하는 동안에 공작물을 이송시킨다. 직선운동을 이용한 절삭특성에 공구대를 회전시켜 고정할 수 있고 절삭날의 형상을 쉽게 만들어서 사용할 수 있기 때문에 셰이핑은 그림 4.16과 같이 평면, 경사면 그리고 단면형상이 일정한 제품의 가공에 사용된다.

셰이핑은 직선운동을 이용하기 때문에 절삭속도가 느리고 램이 복귀하는 동안에는 절삭이 이루어지지 않기 때문에 가공효율은 좋지 못하나, 작업이 간단하고 가공의 유연성이 우수한 특징을 갖고 있다.

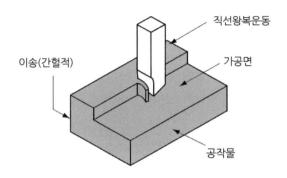

그림 4.14 셰이핑 가공원리

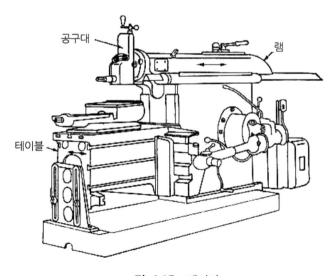

그림 4.15 셰이퍼

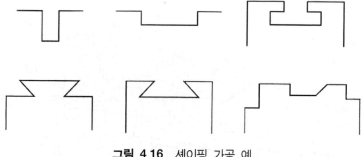

그림 4.16 셰이핑 가공 예

2.7 플레이닝

플레이닝은 셰이핑과 마찬가지로 직선운동을 이용하여 가공하는 방법이나, 셰이핑과는 반대로 공작물을 직선 왕복운동시키며 공구에 이송을 주어 가공하는 방법이다. 셰이핑에서는 램의 행정길이의 즉, 절삭길이의 한계가 있으나 플레이닝에서는 공작물을 테이블 위에 설치하여 운동시키기 때문에 대형 공작물의 가공이 용이하다. 플레이닝에 사용되는 기계를 플레이너(planer) 또는 평삭기라고 한다. 플레이너는 대형 공작물에서 평면을 가공하는 것이 주목적으로 각종 기계의 베드나 칼럼에 있는 기준면, 안내면 등의 가공에 활용된다.

플레이너의 종류는 다음과 같다.

(1) 쌍주식 플레이너(double housing planer)

쌍주식 플레이너는 그림 4.17과 같이 테이블 양쪽에 칼럼이 배치되어 전체적으로 문 모양을 한 플레이너다. 칼럼 사이에 크로스레일이 설치되어 상하로 이동되며, 크로스레일에 공구대가 설치된다. 쌍주식 플레이너는 칼럼 사이의 거리에 따라 공작물의 폭이 제한되지만 구조상 강력한 절삭작업을 할 수 있다.

(2) 단주식 플레이너(open side planer)

단주식 플레이너는 쌍주식과는 달리 칼럼이 하나인 구조로 크로스레일이 외팔보 형태로 지지된다. 테이블 한쪽에는 구속이 없기 때문에 폭이 테이블보다 큰 공작물의 가공이 가능하다.

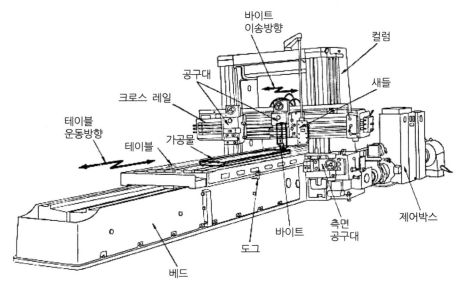

그림 4.17 플레이너

2.8 밴드머시닝

밴드머시닝(band machining)은 그림 4.18에 나타낸 것과 같이 얇은 띠톱을 공구로 사용하여 공작물의 윤곽을 절단하는 가공이다. 여러 개의 날이 절삭을 하므로 공구마멸이 분산되고 날은 균일한 절삭저항을 받기 때문에 공구마멸이 작다.

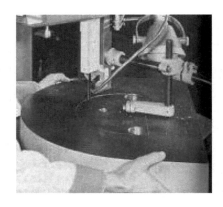

그림 4.18 밴드머시닝

밴드머시닝은 가공형상에 제한이 없으며, 임의 각도와 방향에서 절삭이 가능하며 절삭 길이에 제한이 없다. 그리고 윤곽부분만 절삭되므로 칩 발생량이 적고 절삭에 소비되는 에너지가 작아서 경제적인 가공방법이다.

2.9 연삭

연삭가공은 경도가 매우 큰 입자를 결합하여 제작한 숫돌을 고속으로 회전시켜 입자에 의한 절삭으로 재료를 소량씩 제거하는 가공으로, 그림 4.19에 나타낸 것과 같이 단인공구나 다인공구를 사용하는 절삭과는 달리 많은 작은 입자가 절삭날 작용을 하게 된다. 입자에 의해 절삭되는 깊이는 수 μm 정도이며, 절삭속도가 고속이기 때문에 다듬질면이 매우 우수하고, 치수를 정밀하게 가공할 수 있다.

연삭숫돌의 입자는 형상이 일정하지 않으며, 불규칙하게 분포되어 있다. 입자의 형상에 의해서 절삭날의 경사각과 여유각이 결정되는데, 연삭가공에서는 적당한 경사각과 여유각을 갖는 입자는 절삭을 하지만 입자가 예리하지 않으면 공작물 표면을 파고들어 쟁기질(plowing)이나 마찰(rubbing)을 하게 된다. 따라서 재료를 제거하는데 소모되는 에너지가 일반 절삭가공의 경우보다 많이 필요하게 되며, 열 발생으로 연삭부의 온도가 매우 높아지기 때문에 대부분 연삭액을 공급하면서 작업을 한다.

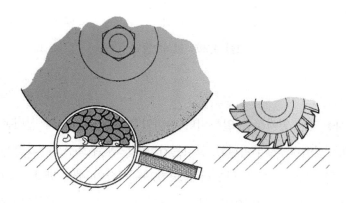

그림 4.19 연삭가공의 특성

1) 연삭숫돌

연삭숫돌은 경도가 큰 입자를 결합제로 소결하여 제작한다. 숫돌에서 체적의 약 50% 정도는 입자가 차지하며, 결합제는 10%, 기공은 40% 정도에 해당된다. 그림 4.20에 나타낸 것과 같이 입자는 절삭날 작용을 하고 결합제는 입자를 지지하는 역할을 한다. 한편, 기공은 입자 사이의 빈 공간으로 칩을 저장하였다가 배출하는 기능과 연삭열을 억제시키는 작용을 한다.

연삭가공에서 연삭기의 성능도 중요하지만 연삭숫돌의 올바른 선정도 대단히 중요하다. 연삭숫돌을 잘못 선정하거나 연삭조건이 적합하지 않으면 여러 가지 연삭결함이 발생할 우려가 높다. 연삭숫돌에는 매우 다양한 형상과 종류가 있으며, 숫돌을 구성하는 요소에 따라서도 숫돌 특성이 크게 달라지게 된다. 연삭숫돌에는 숫돌의 구성요소가 되는 입자, 입도, 결합도, 조직, 결합제의 5개 항목을 반드시 표시하도록 규정되어 있다.

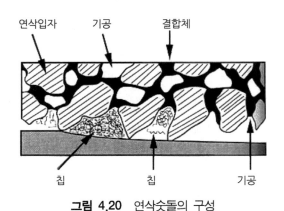

그림 4.20 연삭숫돌의 구성

(1) 입자

연삭숫돌에 사용되는 입자로는 알루미나(산화알루미늄, Al_2O_3)와 실리콘카바이드(탄화규소, SiC)가 대표적이다. 알루미나와 실리콘카바이드의 누프경도는 2,000과 2,700 정도로 매우 단단한 물질이다. 알루미나에서 순도 99% 이상인 것은 백색을 띠어 백색알루미나(white alumina), 실리콘카바이드에서 순도가 높은 것을 녹색실리콘카바이드(green silicon carbide)라 한다.

알루미나 입자는 A라는 기호로 나타내고 백색알루미나는 WA로 표시한다. 실리콘카바이드는 C로 표시하며, 녹색실리콘카바이드는 GC로 나타낸다. C계 입자는 A계보다 단단하지만, 파쇄하기 어려운 순서는 A, WA, C, GC의 순으로 A가 가장 파쇄하기 어렵다. 일반적으로 강과 같은 강인한 재료에는 A계 입자가, 인장강도가 낮은 주철이나 구리합금 또는 알루미늄합금 등을 연삭할 때는 경도가 높고 파쇄성이 낮은 C계 숫돌이 우수한 연삭성능을 나타낸다. 특히, WA와 GC는 절삭성이 좋고 A나 C보다 발열이 작기 때문에 다듬질연삭, 공구연삭 등에 사용된다.

(2) 입도

입도는 입자의 크기를 나타내는 것으로 체의 메시(mesh)번호로 표시한다. 메시는 1인치 당의 체구멍 개수로 번호가 클수록 입자 크기가 작다. 입도번호 220까지는 체를 사용하여 선별하고 입도 240 이상의 극세립 입자는 현미경으로 입자의 평균지름을 구하여 판별한다. 예를 들면 입도번호 20은 1인치에 20개의 눈 즉, 1평방인치에 400개의 구멍이 있는 체를 통과하고 24번 체에서는 걸러지는 입자가 된다.

연삭숫돌에는 입도를 표시하게 되어 있다. 입도가 같은 입자만 사용하는 경우에는 입도번호만 표기하나 입도가 다른 입자를 혼합하여 사용하는 경우에는 입도번호 뒤에 C를 덧붙여 혼합입자(combination grain)임을 표시한다.

(3) 결합도

결합도는 그림 4.21에 나타낸 것과 같이 숫돌입자가 결합되어 있는 강도를 나타내는 것으로 A에서 Z까지의 기호로 표시한다. 결합도를 숫돌의 경도라고도 하는데, 입자의 경도와는 무관하다. 결합도는 알파벳 순서가 뒤일수록 단단하게 입자가 결합하고 있는 것을 나타낸다. 결합도가 높은 숫돌 즉, 단단한 숫돌은 입자가 탈락이 잘 안 되며, 결합도가 낮은 숫돌은 입자가 쉽게 탈락된다.

공작물의 재질 및 연삭조건에 따라 적당한 결합도의 숫돌을 사용하지 않고 너무 단단한 숫돌을 사용하면 눈메움이 일어나서 연삭성능이 저하되고, 너무 연한 숫돌을 사용하면 입자의 탈락이 심해져서 숫돌의 손상을 초래하고 정상적인 연삭을 할 수 없다.

일반적으로 연한 재료의 연삭에는 결합도가 높은 단단한 숫돌, 경한 재료의 연삭에는 결합도가 낮은 연한 숫돌이 사용된다.

 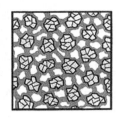 

| (a) 연한 결합도 | (b) 중간 결합도 | (c) 단단한 결합도 |

그림 4.21 연삭숫돌의 결합도

(4) 조직

조직은 그림 4.22에 나타낸 것과 같이 입자의 밀도에 의해 구분하며, 밀도가 가장 높은 것을 0으로 하고 밀도가 감소할수록 번호가 커져 12까지의 번호로 표시된다. 조직이 밀한 경우에는 연삭을 하는 입자의 개수는 많아지며, 기공이 적어진다. 적당한 조직의 숫돌을 사용하여 연삭하면 칩의 저장과 배출이 적절하게 이루어져 연삭성이 좋고 공작물의 발열도 적다.

일반적으로 공작물이 연하고 연성이 큰 경우에는 조한 조직, 경하고 취성이 있는 경우에는 밀한 조직의 숫돌을 사용한다. 그리고 거친연삭에서 숫돌과 공작물의 접촉면적이 클 때에는 조한 조직을, 다듬질연삭에서 접촉면적이 작을 때에는 밀한 조직의 숫돌을 사용한다.

| (a) 밀한 조직 | (b) 중간조직 | (c) 밀한 조직 |

그림 4.22 연삭숫돌의 조직

(5) 결합제

결합제는 숫돌의 입자를 결합시키는데 사용되는 재료이며, 숫돌의 선정에 있어서 매우 중요한 요인이다. 결합제에 의하여 숫돌의 결합도, 강도, 탄성특성, 내구성 등이 달라지기 때문에 연삭조건에 적합한 결합제를 사용하여 제작한 숫돌을 선정하여야 한다. 결합제 중 가장 많이 사용되고 있는 것은 비트리파이드와 레지노이드(인조수지)이다.

비트리파이드는 점토 장석 등으로 제작한 결합제로 비트리파이드 숫돌은 강성이 높고 정밀도를 내기 쉬우며, 드레싱이 용이하기 때문에 정밀연삭에 적합하다. 그러나 탄성특성은 그다지 좋지 않기 때문에 절단용 등의 얇은 숫돌로 제작하기는 어렵고, 압축에는 강하나 인장에는 약하기 때문에 인장과 압축이 반복적으로 작용하거나 충격적 연삭저항이 작용하는 작업에는 적합하지 않다.

레지노이드는 페놀수지를 결합제로 사용한 숫돌로 각종 용제에도 안정하며, 열에 의한 연화가 잘 되지 않는다. 그리고 기계적 강도 특히, 회전강도가 우수하여 고속회전에도 잘 견딘다. 큰 연삭압력과 연삭열에 의하여 결합제가 적당히 연소하여 날의 자생작용을 돕기 때문에 눈메움이 잘 발생되지 않아서 드레싱 간격이 길다. 레지노이드 숫돌은 거친연삭에 많이 사용되며, 강인하고 탄성 특성이 좋아 절단용 숫돌로도 적합하다.

실리케이트 숫돌은 결합제의 주성분은 물유리(규산나트륨)이며, 입자와 혼합하여 주형에 넣고 300℃로 가열한 것이다. 비트리파이드 숫돌보다 결합도는 약하나 비트리파이드 숫돌로 제작하기 어려운 대형 숫돌을 만들 수 있다. 연삭시의 발열이 작기 때문에 얇은 판상의 공작물이나 고속도강 등과 같이 열에 의하여 표면이 변질하거나 균열이 생기기 쉬운 재료의 연삭이나 절삭공구 등의 연삭에 적합하다.

이 이외에도 고무, 셀락수지, 폴리비닐, 금속입자 등도 결합제로 사용된다. 특히 금속을 결합제로 사용한 숫돌은 결합도가 커서 입자가 거의 탈락되지 않기 때문에 숫돌 입자를 CBN이나 다이아몬드를 사용하여 반 영구적으로 사용할 목적으로 제작된다.

2) 연삭기의 종류

(1) 원통연삭기

공작물의 원통면과 단차면을 연삭하는데 사용되는 연삭기로서 공작물과 숫돌의 운동은 그림 4.23과 같으며, 축의 베어링 지지부, 스핀들, 베어링의 링, 각종 롤러 등의 외경연삭에 사용된다. 원통연삭기에서 숫돌은 연삭속도로 회전되며, 공작물은 숫돌과 반대방향으로 저속 회전시킨다. 연삭깊이는 거친연삭에서는 0.05mm, 다듬연삭에서는 0.005mm 이내로 준다.

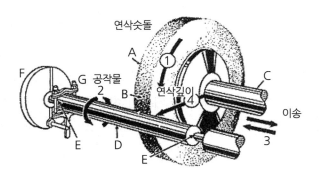

그림 4.23　원통연삭

(2) 평면연삭기

평면연삭은 그림 4.24에 나타낸 것과 같이 숫돌의 원통면을 사용하는 방법과 숫돌의 단면을 사용하는 방법의 두 가지가 있다. 숫돌의 원통면을 사용하는 연삭기는 숫돌 회전축과 연삭면이 평행하기 때문에 수평식이라고 하며, 단면을 사용하는 경우에는 숫돌 회전축과 연삭면이 직각으로 수직식이라고 한다. 수평식은 숫돌과 공작물의 접촉면적이 작아 연삭량이 적기 때문에 소형 가공물이나 다듬질면의 거칠기와 치수 정도에 대한 요구가 높은 정밀연삭에 적합하다. 수직식은 연삭량이 많기 때문에 대형 가공물의 연삭에 적당하나, 열이 많이 발생되어 정밀도가 저하되기 쉽다.

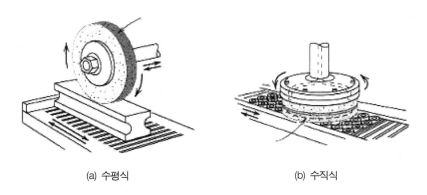

(a) 수평식　　　　　　　　　(b) 수직식

그림 4.24　평면연삭

(3) 센터리스 연삭기

센터리스 연삭은 그림 4.25에 나타낸 것과 같이 공작물의 중심을 고정시키지 않고 연삭숫돌과 조정숫돌 사이에 공작물을 삽입하고 받침대로 지지하여 공작물을 연삭한다. 연삭깊이는 두 숫돌의 중심거리를 조절하여 주게 된다. 공작물은 연삭저항에 의하여 회전되며, 이를 조정숫돌과의 마찰에 의해서 억제하기 때문에 약간의 미끄럼이 있지만 공작물과 조정숫돌의 원주속도는 거의 같다고 볼 수 있다.

센터리스 연삭은 원형단면의 각종 핀과 롤러 및 테이퍼 부 또는 단이 있는 부분을 다량 연삭하는데 자동화를 할 수 있어 매우 능률적이다.

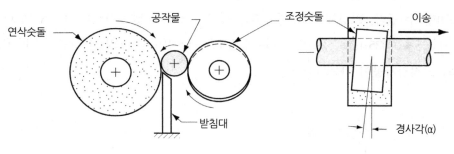

그림 4.25 센터리스 연삭

(4) 총형연삭기

총형연삭(form grinding)은 연삭숫돌의 형상을 공작물의 형상과 요철을 반대로 가공하여 연삭깊이 방향으로만 숫돌을 이송시켜 공작물을 연삭하는 방법이다. 총형연삭에서는 숫돌을 주어진 형상으로 유지하는 것이 핵심으로 연삭기에 숫돌의 형상보정을 위한 드레서가 대부분 장착되어 있으며, 드레싱에 의해 연삭숫돌의 직경이 감소된 것을 자동으로 보정하여 숫돌 중심과 공작물 중심의 거리를 조정한다.

2.10 정밀입자 가공

1) 호닝

호닝은 그림 4.26에 나타낸 것과 같이 직사각형의 긴 숫돌이 외주부에 붙어 있는 혼

(hone)이라는 공구를 사용해서 혼에 회전운동과 직선운동을 동시에 주어 구멍 내면을 정밀하게 다듬질하는 가공이다. 호닝은 보링, 리밍 또는 내면연삭을 한 구멍의 진원도, 진직도, 표면거칠기를 개선하기 위한 가공으로 엔진이나 유압장치의 실린더 등의 내면 다듬질에 널리 사용되고 있다. 호닝은 구멍 내면뿐만 아니라 원통면, 평면 등에 대해서도 적용 가능하나 주로 구멍 내면을 대상으로 하고 있다.

호닝은 연삭과 마찬가지로 숫돌을 사용하지만 절삭속도가 연삭에 비해 매우 느리기 때문에 공작물에서 재료를 아주 소량씩 제거시키고 발생되는 열이 적다. 따라서 호닝은 구멍의 절삭이나 연삭 가공시 발생되는 각종 오차를 바로잡을 수 있다. 또한 다른 가공과는 달리 숫돌에 압력을 가해서 가공하는 방식으로 압력을 조정함으로써 가공량을 미세하게 조절할 수 있다. 호닝에 의해 가공되는 깊이는 거친 호닝은 0.025~0.5mm, 다듬 호닝은 0.005~0.025mm 정도이고 치수정밀도는 3~10μm, 표면거칠기는 0.1~0.8μm 정도의 고정밀가공이 가능하다.

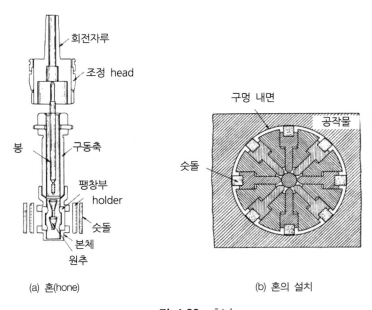

(a) 혼(hone)

(b) 혼의 설치

그림 4.26 호닝

2) 래핑

래핑은 마멸현상을 기계가공에 응용한 것으로 래핑에 사용되는 공구는 공작물과 상대운동을 하도록 설계되어 있으며, 이를 랩(lap)이라고 한다. 그림 4.27은 래핑에 의한 표면 다듬질 과정으로 랩과 공작물 사이에 고운 분말의 랩제(lapping powder)와 래핑유를 넣고 랩과 공작물을 상대운동시켜 랩제로 표면의 돌출된 돌기를 마멸시켜 표면을 매끈하게 가공하게 된다.

래핑은 경면의 다듬질면 가공, 접촉부의 정밀 끼워맞춤 가공 등에 활용된다. 또한 연삭이나 호닝 가공시 표면에 가공방향으로 스크래치가 생기게 되는데, 이를 래핑하면 가공자국을 깨끗하게 제거할 수 있다.

래핑은 표면의 미소돌기를 가공대상으로 하기 때문에 공작물의 경도와 무관한 가공방법이다. 다른 가공과는 달리 오히려 경도가 매우 낮은 재료의 래핑이 어려운데, 그 이유는 랩제와 표면에서 이탈된 입자가 공작물에 파묻히려는 경향 때문이다.

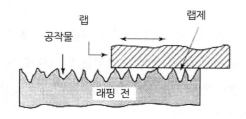

그림 4.27 래핑

3) 슈퍼피니싱

슈퍼피니싱은 치수변화가 목적이 아니고 공작물 표면을 고정도로 다듬질하기 위해 사용되는 가공으로 호닝과 유사하게 숫돌을 사용하지만 숫돌에 가하는 압력이 매우 작으며, 공작물과 숫돌의 접촉면적이 크고 가공액을 충분히 공급한 상태에서 숫돌에 진동을 주어 표면의 돌출 돌기를 제거시킨다. 슈퍼피니싱은 다른 방법으로 표면을 다듬질한 후 추가적으로 실시하는 것이 보통이며, 다듬질면은 매우 매끈하게 가공되고 방향성이 없으며, 가공 변질부가 극히 작다.

슈퍼피니싱은 호닝과 마찬가지로 숫돌을 사용하여 표면을 다듬질하는 가공으로 마이크로호닝(microhoning)이라 부르기도 한다.

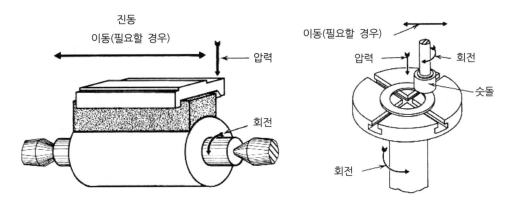

그림 4.28 슈퍼피니싱

4) 폴리싱과 버핑

폴리싱은 연마라고도 하며, 매끄럽고 광택이 나게 표면을 다듬질하는 가공이다. 폴리싱에서는 입자에 의한 미세한 절삭과 스미어링(smearing) 작용이 수반되는데 입자에 의한 미세한 절삭은 표면의 스크래치 제거 및 미세한 결함을 충분히 수정할 수 있으며, 스미어링 작용은 표면을 문지르는 것으로 광택을 생기게 한다.

폴리싱은 직물, 가죽 등으로 제작한 휠이나 벨트에 미세한 연마입자를 부착시켜 공작물 표면을 다듬질한다.

버핑도 폴리싱과 거의 유사한 방법으로 직물이나 가죽으로 제작한 휠에 아주 미세한 연마입자를 부착하여 공작물 표면을 다듬질한다. 휠에 대한 연마제 공급은 연마입자를 접착하여 만든 스틱을 회전하는 휠에 갖다대는 방식을 사용한다. 버핑은 종종 도금하기 전에 표면을 다듬질하는데 사용된다.

3 주조에 의한 금형제작

주조법을 이용하여 금형을 제작하는 방법은 오래 전부터 사용되어 온 것으로 아연합금 (Zn-alloy), 베릴륨동(Cu-Be), 저용점합금 등의 소재가 이용되어 왔다. 주조법으로 제작하는 금형의 장점은 다음과 같다.

① 절삭가공을 할 수 없는 복잡한 형상이나 세밀한 부분의 제작이 쉽다.

② 나뭇잎 무늬, 가죽결 모양 등 자연 상태의 형상을 제작할 수 있다.

③ 용탕을 주형에 주입시켜 제작하는 방식으로 공정이 간단하다.

④ 제작기간이 단축된다.

⑤ 금형의 재질을 비교적 자유롭게 선택할 수 있다.

주조에 의한 금형제작은 실물이나 모델만 있으면 쉽게 제작할 수 있으나, 다음과 같은 단점도 있다.

① 치수 정밀도가 낮다.

② 주조 변형에 유의해야 한다.

③ 재료를 용해할 때 화학성분의 변화나 재질이 변화될 수 있다.

④ 블로우 홀 등 주조결함이 생길 수가 있다.

⑤ 주조응력이 생기기 쉽다.

3.1 아연 합금에 의한 금형제작

아연에 Al 4%, Cu 3%를 합금한 아연 합금은 융점이 380℃로 낮고 주조성이 우수하므로 높은 주조 정밀도를 나타낸다. 또, 압축강도가 100kgf/mm² 이상이고 내마모성, 절삭성도 우수하다. 그러나 아연 합금은 강재에 비하면 내열성과 기계적 성질이 나쁘기 때문에 금형 수명은 길지 않다. 따라서 아연 합금에 의한 다이는 프레스 다이, 주조 다이 및 플라스틱 다이 등의 시험 제작용 다이 혹은 생산 이행 시의 시작용 간이 양산 다이로 사용한다.

아연 합금 금형의 장점은 다음과 같다.

① 용해온도가 380℃로 용해가 쉬워 간단한 시설로도 용해할 수 있다.

② 강도가 연강과 비슷하여, 소량 제작용이나 시작용 금형에 적합하며, 드로잉 금형을 만들면 아연 특유의 윤활성과 내소착성으로 인해 제품에 흠이 생기지 않는다.

③ 완성된 아연 합금 금형을 주형으로 이용하여 상대 금형을 주조할 수 있다.

④ 철강이나 알루미늄 합금보다 절삭성이 좋다.

⑤ 금형을 수정, 보수할 때 아르곤 용접으로 덧붙임 용접이 잘된다.

⑥ 열전도도가 우수하여 플라스틱 금형으로 사용할 때 냉각 효과가 좋다.

⑦ 다듬질 가공을 할 때, 쉽게 광택을 낼 수 있다.

⑧ 사용하지 않는 금형은 용해하여 재사용할 수 있다.

아연 합금 금형은 금형의 크기, 사용 목적 등에 따라 사형, 금형, 석고형 등을 사용하여 제작한다. 사형에 의한 주조는 일반 주조와 마찬가지로 목형, 석고형 등으로 모형을 만든 후 주물사로 주형을 만든다. 주조변형이나 기공의 발생을 방지하기 위해 주형은 밀폐형으로 하지 않고 개방형으로 한다. 개방형 사형으로 용탕을 주입할 때는 용탕의 흐름이 끊이지 않도록 서서히 주입해야 한다.

금형에 의한 주조는 아연 합금보다 융점이 높은 금속의 제품이나 모형을 사용한다. 즉, 프레스의 펀치를 먼저 제작하고 이와 쌍을 이루는 다이를 제작할 때 펀치를 금형으로 사용하여 다이를 주조방법으로 제작하는 방식으로 그림 4.29와 같이 주조상자 중앙에 공구강으로 제작한 펀치를 예열해 놓고 420~450℃의 용해한 아연 합금을 주조상자에 주입하여 다이를 제작한다.

아연 합금은 용해온도가 너무 높으면 산화를 일으키고 너무 낮으면 Cu의 편석이 생긴다. 그리고 응고할 때 수축하기 때문에 완전히 냉각하면 펀치를 뽑기가 곤란해지므로 150~250℃일 때 펀치를 뽑는다. 특히 다이의 절삭날 부근에 기공이 생기지 않도록 주의해야 한다. 펀치를 주조상자에서 뽑은 후에 주조상자에 성형된 다이의 기계적 성질을 향상시키기 위해 다이를 급냉하고 다이의 상하면을 절삭해서 절삭날과 다이를 평행하게 맞추어 준다.

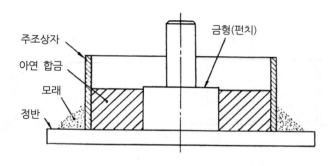

그림 4.29 금형을 이용한 아연 합금 다이 제작

주조상자

아연 합금

모래

정반

금형(펀치)

3.2 쇼프로세스에 의한 금형제작

쇼프로세스는 발명자인 영국인 Show의 이름을 붙인 정밀 주조법으로 주형 재료로 에틸알코올(ethylalcohol)을 포함한 에틸실리케이트(ethylsilicate) 수용액 혼합의 쇼슬러리(show slurry)를 이용한다.

주형을 제작하는 공정은 그림 4.30에 나타낸 것과 같이 일반 사형과 비슷하며, 모형을 정반 위에 놓고 주조상자를 씌우고 이 속에 쇼슬러리를 흘려 넣는다. 모형은 제조 개수가 적을 때에는 목형을 사용하나 개수가 많아지면 석고나 금형으로 모형을 만들어 내구성을 높인다. 쇼슬러리는 수 분 내에 경질의 고무와 같이 되며, 이 때 모형을 뽑는다. 탄력이 있기 때문에 수직면 혹은 약간의 테이퍼 면의 모형 뽑기가 가능하게 되고, 이것이 주물의 정밀도를 높이는 가장 큰 요인이 된다. 이어서 주형을 가열하면 에틸알코올이 연소해서 주형이 급열되고 미세한 균열이 발생한 상태로 경화한다. 주형에 발생한 미세한 균열은 주형의 통기성을 좋게 하며, 이것이 주물의 정밀도를 높이는 두 번째 요인이 된다. 주입 온도가 높은 주철용의 경우에는 다시 800℃ 정도까지 소성해서 남은 알코올 성분을 태우고 주형을 한층 경화시킨다.

쇼프로세스는 이상 설명한 것과 같은 특성으로부터 복잡한 곡면형상도 주조 가능하며, 대형의 금형제작에 적합하다.

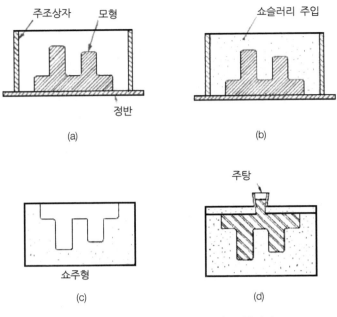

그림 4.30 쇼프로세스에 의한 금형제작

4 특수 가공에 의한 금형제작

4.1 냉간호빙

냉간호빙(cold hobbing)은 경질의 호브(hob) 또는 호브마스터라고 하는 성형용 금형을 보다 연질의 소성이 풍부한 재료에 냉간으로 압입하여 금형 캐비티를 성형하는 방법이다. 호빙에 의한 캐비티 표면은 일반적으로 평활하기 때문에 이후의 공정이 현저하게 단축되고, 한 개의 모형(hob)으로 다량의 금형을 만들 수 있는 장점이 있다. 그러나 형의 면적(cm^2)당 20~30톤의 큰 압력이 필요하여 제품의 크기, 형상 및 형재의 경도 등 적용에 제한을 받는다.

냉간호빙은 깊이가 낮고 복잡한 모양의 금형이나 깊은 오목면에 조각이 있는 경우나 플라스틱 금형과 같이 연한 금형 재료의 사용에 적합하다.

호브의 재료에는 주로 합금 공구강(STD1, STD11, STD2), 고탄소 베어링강(STB1), 탄소 공구강(STC3) 등이 사용된다. 호브는 기계가공 등으로 성형 가공한 후 열처리를 해서 HRC60 정도의 경도를 갖도록 한다.

호브를 하나 제작하면 이것에 따라서 동일 형상의 금형을 여러 개 만들 수 있으므로 양산 부품의 금형 제작에는 큰 이점이 된다. 또 호브의 가공은 외부 윤곽가공이고 캐비티의 가공은 내부 윤곽가공이기 때문에, 내측부분 가공의 어려움을 생각하면 금형 한 개를 제작하는 경우라도 호브를 제작해서 호빙 가공을 하는 편이 유리한 경우도 있다.

금형 재료는 일반적으로 유동성이 풍부하고 변형 저항이 작은 저탄소강을 사용하며, 저탄소강은 금형으로서 내구성이 부족하기 때문에 경화처리를 해야 한다. 따라서 재료의 선택은 어닐링(annealing) 경도가 낮고 가공 후의 경화 처리 때에 침탄성, 퀜칭성이 양호하고 열처리 후의 변형이 작은 것을 선택한다. 호빙 가공의 필요 하중은 재료의 인장 강도의 3~5배로 알려져 있다.

가공 속도는 일반적으로 0.01~0.05mm/sec이지만, 내압하중이 높은 호브와 윤활제로 인산염피막 처리를 한 금형 재료의 경우는 0.15~0.2mm/sec로 된다.

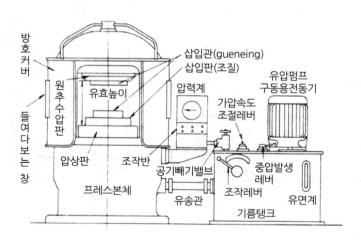

그림 4.31 Hobbing press의 구조

가압 작업 후에 금형에서 호브를 빼낼 때는 호브에 무리한 힘이 걸리지 않도록 평균적으로 빼내는 힘을 가해서, 흠집이나 금형 내면에 파손이 생기지 않도록 주의한다. 그림 4.31은 호빙 프레스의 구조를 나타낸 것이다.

4.2 방전가공

방전가공은 스파크방전에 의한 열적 침식을 가공에 이용한 것이다. 전류가 흐르는 두 선을 부딪치면 아크가 발생되고 접촉되었던 부분은 움푹 파인 작은 크레이터(crater)가 생기고, 소량의 금속이 침식되어 제거된 것을 관찰할 수 있다.

이러한 방전현상은 전기가 발견된 이래 알려져 왔지만 1940년대에 와서야 이 원리를 응용한 가공기술이 개발되기 시작하였다. 그림 4.32에서와 같이 두 전극을 가깝게 접근시키고 전압을 가하면 전극 사이의 기체가 전리되어 미세한 전류가 흐르게 되며 이를 누설전류라고 한다. 이 때 전압을 더 상승시키면 국부적인 절연파괴에 의하여 전극표면에 방전이 발생한다. 이를 코로나 방전이라고 하는데 매우 불안정한 상태이다.

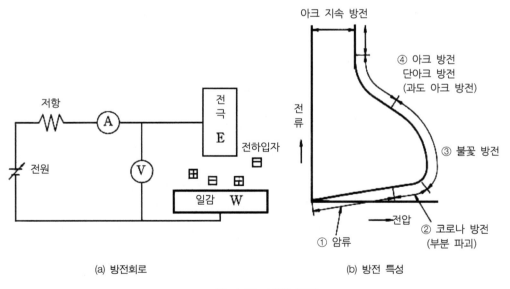

(a) 방전회로   (b) 방전 특성

그림 4.32 방전 현상

전압을 더 상승시켜 주면 전극 중의 자유전자가 끌려나와 확산되어 이온의 이동속도가 커지며 확산된 전자와 이온이 전극 중의 물질에 닿으면 이 물질이 이온화되어 이온량은 급격히 많아지게 되며, 이에 따라 전류도 급격히 증가되는데 이를 불꽃방전이라 한다. 불꽃방전 상태를 지나면 두 전극 사이에 간극을 통하여 정상적으로 전류가 흐르게 되며 이를 아크 방전이라 한다. 아크 방전 초기에는 전류밀도가 변화하다가 안정되게 되는데, 전류밀도 변화가 큰 부분의 아크 방전을 단 아크 방전 또는 과도 아크 방전이라 한다. 방전가공은 불꽃방전과 단 아크 방전을 가공에 이용한다.

불꽃방전의 시간은 $10^{-8} \sim 10^{-6}$sec로 매우 짧으며, 전류밀도는 $10^6 \sim 10^9 \text{A/cm}^2$ 정도이고 이때 발생되는 열은 10,000℃ 이상의 고온이 된다. 따라서 방전시 발생된 열은 국부적으로 공작물을 용융시키게 되며, 용융된 재료는 방전의 충격에 의해 제거된다.

그림 4.33은 방전가공기의 구성을 나타낸 것으로 공구와 공작물은 방전회로를 구성하게 된다. 공구와 공작물은 절연유(등유, 경유, 물 등이 사용됨) 속에서 0.01~0.5mm 정도의 간극을 유지하고 있으며, 이 간극은 가공이 진행되어도 일정하게 유지되도록 서보기구를 통하여 제어된다. 방전가공에 사용되는 전류는 50~300V, 전압은 0.1~500A 정도이며, 방전시간은 매우 짧지만 50~500kHz의 빠르기로 반복된다.

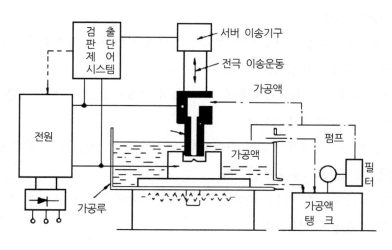

그림 4.33 방전가공

방전가공시 공구와 공작물은 전극에 해당되기 때문에 공작물은 전도체이어야 하며, 방전에 의해 공작물에서만 재료가 제거되는 것이 아니라 공구 쪽도 소모되기 때문에 경우에 따라 여러 개의 동일한 공구를 미리 제작해 두어야 한다. 방전가공시 양극이 음극보다 재료 소모가 빨리 되기 때문에 방전가공기에서 공작물은 양극, 공구는 음극에 연결된다.

공구는 방전에 의한 간극을 고려하여 가공치수보다 약간 작게 제작되며, 공구의 형상은 가공물과 요철이 반대인 형상이 된다. 공구재료로는 가공이 용이한 흑연, 황동, 구리, 구리-텅스텐 합금 등이 사용된다. 공구제작에는 성형, 주조, 분말야금, 기계가공 등 각종 가공법이 사용되며, 부분적으로 제작해서 접합해도 상관없다. 공구는 소모가 적어야 하는데 용융온도가 높을수록 잘 소모되지 않는다.

방전가공은 방전시의 열을 이용하기 때문에 공작물이 전도체이면 재료의 경도나 취성에 무관하게 가공을 할 수 있다. 또한 강성이 약한 얇은 부분, 깊은 홈, 다양한 형상의 구멍 등을 효과적으로 가공할 수 있다. 열영향이 작아 가공변질층이 얇고, 표면은 단단한 경화층으로 내마모성 및 내부식성이 우수한 표면을 얻을 수 있다. 그리고 공구와 공작물 사이에는 방전간극이 있지만, 간극이 일정하게 유지되기 때문에 가공 정도가 높다.

(1) 방전가공의 특징

① 공작물이 전도성 있는 재질이면 경도나 취성에 무관하게 가공할 수 있다. 따라서 담금질강이나 초경합금 등의 가공에 용이하다.

② 복잡한 형상을 정밀하게 가공할 수 있고 특히 미세한 홈이나, 폭이 좁은 곡선의 슬릿(slit) 가공 등에 효과적이다.

③ 전극 및 공작물에 기계적 힘이 가해지지 않기 때문에, 가는 전극, 얇은 공작물이라도 가공 시 변형이 생기지 않는다.

④ 전극 및 공작물을 부착하고 떼어낼 때 이외는 사람의 손을 필요로 하지 않는다. 따라서 무인 운전이 가능하다.

⑤ 절연액 중에서 가공해야 한다.

⑥ 전극 제작이 필요하다.

(2) 방전가공의 성능

① 면의 거칠기와 가공 속도 : 면의 거칠기는 1회 방전 에너지가 크면 큰 방전으로 거칠게 되고 제거량도 많으므로 가공 속도가 빨라진다. 반대로 작은 에너지 방전의 경우 면의 거칠기는 매끄러워지나 가공 속도는 느려진다.

② 가공 확대 여유 : 방전 시 절연 간극이 있으며, 전극과 가공 후의 형상에는 틈새가 생긴다. 이 틈새를 가공 여유라고 하며, 1회의 방전 에너지를 크게 할수록 커진다.

③ 전극 소모비 : 방전 가공에서 가공물의 제거량에 대한 전극의 소모량의 비를 전극 소모비라고 하며, 중량비 또는 체적비로 나타낸다. 전극의 소모 정도는 공작물과 전극 재료의 조합, 전기적 가공 조건, 그 밖의 요인에 따라서 변화한다. 특정한 경우에는 전극 소모비 1% 이하로 전극이 거의 소모하지 않기도 한다.

(3) 전극재료

방전가공에서 전극재료는 대단히 중요하다. 전극재료는 가공조건과 가공비에 큰 영향을 미친다. 주요 전극재료와 그 특성은 다음과 같다.

① 구리
  - 방전이 안정하게 일어난다.
  - 전극의 가공은 단조나 전주가공을 행한다.
  - 순도가 순수할수록 좋다.

② 흑연
  - 피삭성이 양호하며, 가격은 구리와 비슷하고 방전특성이 우수하여 일반적으로 금형 가공용에 많이 사용된다.
  - 열팽창계수가 상대적으로 작아 대형 전극에 적합하다.

③ 은텅스텐(Ag-W), 구리텅스텐(Cu-W)
  - 초경합금과 같은 경도가 높은 공작물을 가공할 때 전극소모가 다른 전극재료에 비하여 아주 적다.
  - 가격이 구리에 비해 약 40배 정도 비싸므로 공구비가 많이 든다.

와이어 방전가공

(1) 와이어 방전가공의 원리

방전가공에서 공구를 별도로 제작하지 않고 와이어를 전극으로 사용하여 와이어와 공작물 사이에 절연액을 분사시키면서 불꽃방전을 발생시켜 가공하는 방법을 와이어 방전가공이라 한다. 와이어의 재료로는 텅스텐, 황동, 구리 등을 사용하며, 와이어 직경은 0.05~0.3mm 정도가 사용되고 있다. 와이어는 인장을 주며 0.15~9m/min의 속도로 감아준다.

그림 4.33는 와이어 방전가공기의 개략도를 나타낸 것이다. 공작물이 고정되어 있는 테이블은 NC에 의해 x, y 두 축방향으로 제어되기 때문에 임의의 단면형상을 갖는 제품을 용이하게 가공할 수 있다. 와이어의 상부 가이드부를 NC로 2축 제어하면 와이어가 경사진 상태에서 가공할 수 있으므로 테이퍼진 공작물도 가공이 가능하다. 공작물의 두께는 300mm까지 가공이 가능하다.

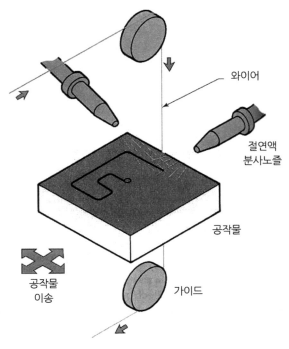

그림 4.34 와이어 방전가공

가공속도는 공작물의 재질과 두께, 그리고 와이어의 종류에 따라 달라지지만 일반적으로 5mm 두께의 강을 가공하는 경우 최대 가공속도는 약 10mm/min 정도이고 80mm 두께인 경우에는 1mm/min 정도이다. 와이어 방전가공의 가공속도는 빠르지 않지만 가공정도가 매우 높고 프레스금형 등과 같이 두꺼운 공작물을 고정도로 가공하는데 매우 효과적이다.

(2) 와이어 방전가공의 특징
와이어 방전가공의 특징은 다음과 같다.

① 공구 전극의 제작이 불필요 : 와이어를 전극으로서 사용하기 때문에 가공 형상과 동일 형상의 전극을 제작할 필요가 없다.

② 가공 여유가 작다 : 전극으로서 가는 와이어를 사용하기 때문에 가공 여유가 작고 유효한 재료 선택을 할 수 있으므로 재료비가 절약된다.

③ 미세한 복잡 형상의 가공 : 와이어 직경이 작기 때문에 가는 슬릿의 가공이나 형상이 복잡한 노즐 등을 직접 가공할 수 있다.

④ 열처리 변형이 없다 : 먼저 열처리를 한 후에 가공을 행하므로 열처리에 따른 변형 문제가 없다.

⑤ 전극의 소모 문제가 없다 : 와이어를 감아주면서 가공하기 때문에 전극의 소모를 고려할 필요가 없다.

⑥ 오프셋 기능 : 도면보다 약간 큰 치수 또는 작은 치수의 것을 원터치로 자유롭게 설정할 수 있다. 이것에 따라서 펀치나 다이 등의 클리어런스를 자유롭게 조정할 수 있다.

⑦ 무인 운전을 할 수 있다 : NC에 의한 가공으로 자동화되어 있고, 가공액으로 물을 사용하고 있기 때문에 화재의 염려가 없다. 따라서 야간의 무인 운전을 할 수 있다.

(3) 와이어 방전가공의 응용범위
① 정밀금형의 가공

② 인발, 압축 금형 등의 가공

③ 초경합금 등의 높은 경도를 갖는 재료의 가공

④ 복잡한 형상의 정밀가공

⑤ 소량 다품종의 정밀 소형부품가공

⑥ 일반 기계부품의 열처리 후의 가공

4.4 초음파가공

초음파가공은 공구와 공작물 사이에 연삭입자가 함유되어 있는 가공액을 채우고, 공구에 초음파 진동을 가하여 연삭입자를 공작물에 충돌시켜 가공하는 방법으로 충격연삭(impact grinding)이라 부르기도 한다. 가공액은 일반적으로 물에 연삭입자가 20~60% 정도 포함된 것을 사용하는데 이를 슬러리(slurry)라고 한다. 연삭입자로는 질화붕소, 탄화붕소, 산화알루미늄, 탄화규소 등이 사용되고 있으며, 입도는 100~2,000 정도이다.

그림 4.35(a)는 초음파가공기의 구성을 나타낸 것으로 초음파발진기로 구동되는 진동자의 진동을 혼에서 기계적으로 증폭하여 공구를 초음파 진동시킨다. 초음파가공에서 진동수는 20,000~30,000Hz, 진폭은 0.013~0.1mm 정도를 사용한다. 공구가 진동을 하면 그림 4.35(b)에 나타낸 바와 같이 슬러리에 있는 연삭입자가 고속으로 가속되고 입자가 공작물에 충돌하여 충격력을 가하며 공작물 표면을 깎아내게 된다. 입자의 1회 충돌에 의한 가공량은 미세하지만 입자수가 많고 초음파진동으로 충격횟수가 매우 많기 때문에 가공능률은 연삭의 경우와 비슷하다.

공구의 형상은 가공물과 요철이 반대인 형상이 되며, 공구도 입자와의 충돌로 마멸되기 때문에 이를 고려하여 동일한 단면의 긴 공구를 사용한다. 공구와 공작물 사이에서 입자가 운동을 하기 때문에 공작물은 공구보다 입자크기의 두 배 정도 크게 가공된다. 또한 구멍을 가공하는 경우 입자가 구멍의 벽면과도 충돌하여 구멍이 깊을 경우 테이퍼 형상으로 가공되기 때문에 진직도 측면에서 구멍깊이는 직경의 3배 이내로 제한이 있다. 가공면의 다듬질 상태는 입자의 크기에 따라 달라지는데 작은 입자를 사용하면 표면거칠기가 양호해진다.

초음파가공은 연삭입자의 충격을 이용하여 국부적으로 침식하여 가공하기 때문에 재료의 종류와 특성과는 무관하게 적용 가능하다. 즉, 경도가 높거나 또는 취성이 커서 절삭이 어려운 재료들도 초음파가공으로는 용이하게 가공할 수 있다. 초음파가공은 다이아몬드, 루비, 수정 등의 보석류, 유리, 실리콘, 게르마늄, 초경합금, 담금질강 등의 경질 취성재료의 구멍가공, 절단, 형상가공 등에 널리 활용되고 있다. 그림 4.36은 3차원형상, 비원형구멍, 홈파기, 미세구멍 등의 초음파가공 예이다.

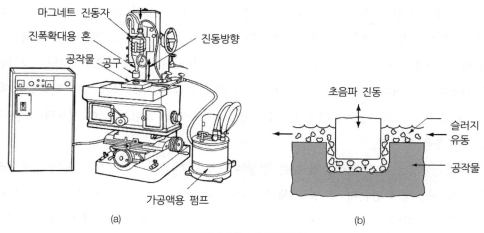

그림 4.35 초음파가공

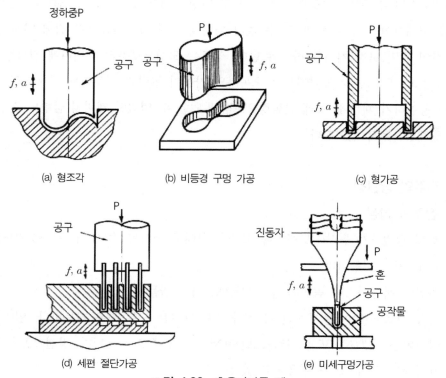

(a) 형조각   (b) 비등경 구멍 가공   (c) 형가공

(d) 세편 절단가공   (e) 미세구멍가공

그림 4.36 초음파가공 예

1) 전주의 개요

전주는 금속의 전착(electro deposition) 성질을 이용한 가공방법이다. 모형 위에 필요로 하는 금속을 일정 두께로 전착시킨 후, 이 전착층을 떼어 내어 금형으로 직접 사용하거나 방전가공용 전극으로 사용한다. 이때 필요에 따라서는 전착층에 보강재를 덧입힌 다음 사용하기도 한다. 전주는 도금(coating)과 원리가 같지만, 도금의 경우 전착층의 두께가 $50\mu m$ 이하이고, 전주의 경우에는 $1\sim30mm$의 두께로 도금에 의한 것보다 매우 두꺼운 전착층을 얻는다.

일반적인 공정은 먼저 성형품과 같은 형상의 모형을 에폭시 수지, 석고 또는 저용융점 금속 등을 사용해서 만든다. 모형의 재료가 부도체일 때는 표면을 도전 도료 등에 의해 전도성 처리를 한다. 그 후에 모형에 음극을 접속해서 전주 탱크에 담가 양전극의 금속 이온을 모형에 석출(deposition)시켜 전착층을 얻는다.

전착이 끝난 후 모형을 빼내고 전착층으로 형성된 캐비티를 만든다. 전착의 두께는 경제성을 고려하여 너무 두껍게 할 수 없기 때문에 금형으로 사용하기 위해 앞서 언급한 바와 같이 뒷면 보강 처리를 하여야 한다. 전주는 모형으로부터 캐비티에 전사정밀도가 대단히 높고 또 일반 가공법에서는 오목부의 가공이 곤란한 경우라도 블록부의 가공은 비교적 용이하기 때문에, 종래 분할형으로밖에 얻을 수 없었던 캐비티 금형도 전주에 의하면 일체형으로서 얻어진다.

2) 전주의 장단점

(1) 전주의 장점

① 복제 정밀도가 높다 : 모형이나 실물을 그대로 전사할 수 있어, 치수정밀도는 0.1 μm까지도 가능하다.

② 가공이 복잡하거나 곡면이 많은 제품도 쉽게 만들 수 있다.

③ 가공 재료 선택이 용이 : 전기분해가 되는 재료는 모두 사용 가능하다. 일반적으로 금형에는 니켈(Ni) 또는 니켈-코발트(Ni-Co)가 주로 사용되며, 방전가공용 전극의 제작에는 구리(Cu)가 이용되고 있다.

④ 2중, 3중의 여러 금속 층을 적층한 복합제품도 만들 수 있다.

⑤ 크기나 형상의 제한이 없다. 도금탱크에만 들어갈 수 있다면 매우 큰 물건의 제작도 가능하다.

(2) 전주의 단점

① 가공 시간이 오래 걸린다.

② 전착층의 두께가 불균일하다(볼록부는 두껍게, 오목부는 얇게 전착됨).

③ 전착층의 표면에는 응력이 약간 생긴다.

④ 전주하기 위한 각 공정에 따라 가공기술이 필요하다.

3) 전주의 응용분야

① 치수 정밀도가 높은 엔지니어링 플라스틱 제품

② 둥근 또는 각형의 깊은 물건(주사기, 화장품 용기 등)

③ 정밀 광학 부품(카메라 부품, 광학렌즈 등)

④ 불규칙하고 복잡한 형상의 전사가 필요한 부품

⑤ 디자인상 형태의 균일성이 필요한 곳(각종 손잡이류, 버튼류 등)

⑥ 경면 또는 매트면상에 돌출한 모양이나 문자가 있는 경우

⑦ 방전가공용 전극의 제조 등

4.6 전해가공

(1) 전해가공의 원리

전해가공은 전기화학적인 용해작용을 이용하여 공작물의 표면의 일부를 제거해 나가는 전기화학적 가공방법이다. 전해가공은 그림 4.37에 나타낸 것과 같이 일정 형상을 지닌 전극공구를 음극(−)으로 하고, 공작물을 양극(+)으로 하여 양극간에 전해액을 분출시키면서 저전압(8~12V), 대전류(10~100A)를 흐르게 하여 공작물을 용해 가공하는 것이다. 공작물과 전극의 간격은 0.1~0.4mm 정도로 하고 그 사이에 전해액을 강제로 흐르게 한다. 이 때 양극인 공작물의 금속이 이온으로 용출하므로, 용출량에 따라 전극을

이송하면 전극을 모방한 형상으로 가공된다.

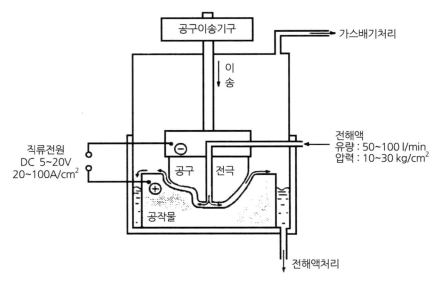

그림 4.37 전해가공의 원리

(2) 전해가공의 특징

전해가공은 주로 다이를 가공하는데 이용되며, 전해연마의 100배, 방전가공의 10배 정도의 능률을 올릴 수 있다. 전해가공의 장단점은 다음과 같다.

① 가공물의 경도나 피삭성에 관계없이 일정한 속도로 가공할 수 있다.

② 방전 가공에 비해서 가공 속도가 빠르지만 가공 정밀도가 떨어진다.

③ 공구의 소모가 없다.

④ 하중이나 열이 가해지지 않으므로 공작물의 변형이 생기지 않는다.

⑤ 복잡한 형상도 1회의 공정으로 가공할 수 있다.

⑥ 공구전극의 제작에 경험이 필요하다.

4.7 전해연삭

1) 전해연삭의 원리

전해연삭은 전해가공과 연삭가공을 혼합한 가공방법이다. 공구는 전도성이 있어야 하기 때문에 다이아몬드 또는 알루미나 입자를 금속결합제로 결합한 숫돌을 사용한다. 전해연삭은 일반 연삭과 마찬가지로 숫돌을 회전시키는데, 원주속도의 범위는 1,200~2,000m/min를 사용한다.

전해연삭에서 그림 4.38에 나타낸 것과 같이 공구는 회전을 하지만 전해가공과 마찬가지로 공구와 공작물과의 전해작용으로 공작물에서 재료가 제거된다. 한편, 연삭숫돌의 입자는 두 가지 역할을 하는데 첫 번째는 절연체로 공작물과 숫돌의 금속결합제 사이에 개재되며, 두 번째는 공작물에 생긴 산화피막을 기계적으로 제거한다.

전해연삭에서 전해작용으로 제거하는 재료는 90~95%에 해당하며, 그 나머지만 입자의 연삭작용으로 제거하기 때문에 숫돌의 마멸은 매우 천천히 진행된다. 그리고 다듬질 과정에서는 전해작용을 중지시키고 숫돌로 연삭을 하여 치수를 정밀하게 하고, 표면거칠기를 매끄럽게 한다.

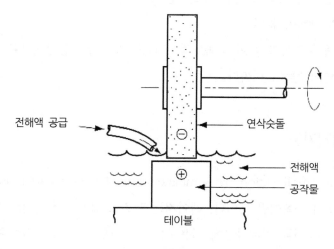

그림 4.38 전해연삭의 원리

전해연삭은 원래 초경합금의 연삭 시 고가의 다이아몬드 숫돌 수명을 연장하기 위한 목적으로 개발되었으나, 가공능률이 좋고 숫돌 수명이 길어지며 연삭열이나 기계적인 부하가 수반되지 않기 때문에 초경합금뿐만 아니라 일반 난연삭 재료의 가공에도 많이 사용되고 있다. 그리고 전해연삭뿐만 아니라 기존의 호닝, 래핑에 전해작용을 부가한 전해호닝, 전해래핑의 가공방법도 사용되고 있다.

2) 전해연삭의 장단점

(1) 장점
① 재료의 종류와 경도에 상관없이 기계연삭보다 연삭능률이 높다.
② 숫돌압력과 연삭저항이 작아, 박판이나 복잡한 형상도 변형 없이 쉽게 연삭할 수 있다.
③ 다듬질면의 표면거칠기는 숫돌의 입도에 영향을 받지 않는다.
④ 연삭열의 발생이 적고, 숫돌의 수명이 길다.

(2) 단점
① 일반 기계연삭에 비하여 가공 정밀도는 떨어진다.
② 다듬질면은 광택이 없다.
③ 내면연삭, 원통연삭과 같이 접촉면적이 작을 경우 연삭능률이 나쁘다.
④ 설비비와 연삭숫돌이 비싸다.

4.8 레이저빔가공

레이저는 Light Amplification by Stimulated Emission and Radiation의 머리글자로 유도체에 의한 빛의 증폭이란 뜻이다. 레이저는 렌즈로 집점을 하면 높은 밀도의 에너지를 얻을 수 있으며, 이를 기계가공에 이용하는 것을 레이저빔가공이라 한다.

기계가공에 이용되는 레이저의 종류는 다음과 같다.
① CO_2 레이저
② ND-YAG 레이저

③ ND-유리(glass), 루비(ruby) 레이저

④ 엑시머(Excimer) 레이저

레이저는 절단, 구멍가공, 마킹, 용접 등에 사용되며, 기계가공에서는 CO_2와 ND-YAG 레이저가 출력이 좋기 때문에 가장 많이 사용되며, 플라스틱이나 세라믹의 마킹에는 엑시머 레이저가 사용된다. 그리고 금속용접과 구멍가공에는 CO_2, ND-YAG 레이저와 더불어 ND-유리나 루비 레이저가 사용된다.

레이저 집점부의 에너지 밀도는 1평방 인치당 $10^5 \sim 10^{10}$ W의 크기로 매우 높기 때문에 재료가 국부적으로 용융 증발되면서 가공이 이루어진다. 따라서 금속, 비금속, 세라믹, 복합재료 등 모든 종류의 재료를 가공할 수 있다. 레이저빔가공에는 재료의 반사율, 열전도율, 용융 및 증발 비열과 잠열이 중요한 물리적 인자가 되는데 이 값들이 작을수록 효과적인 가공이 된다.

레이저빔가공은 구멍가공이나 절단에 광범위하게 사용되고 있다. 가공 가능한 구멍의 최소 직경은 0.005mm이나 실용적인 한계는 0.025mm 정도이며, 구멍깊이는 직경의 50배 정도까지의 깊은 구멍을 가공할 수 있다. 레이저빔가공은 그림 4.39의 가공 예와 같이 NC제어로 3차원 형상이나 윤곽형상 가공에 많이 활용되고 있다.

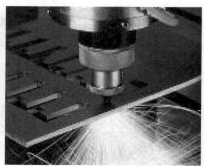

그림 4.39 레이저빔가공 예

부식가공

부식가공은 가공액의 용해작용으로 재료 표면의 가공할 부분만 용해시키고, 다른 부분은 용해작용으로부터 보호함으로써 가공하는 방법이다. 부식가공의 순서는 다음과 같다. 먼저 금속 표면에 감광유제를 도포하고 원판을 통과시켜서 감광시킨 후 현상하면 감광부분은 물에 불용성이기 때문에 남는다.

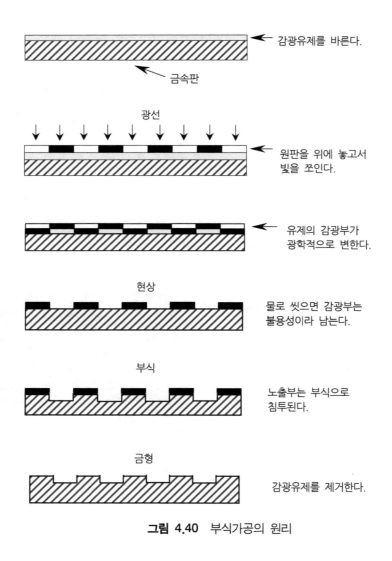

그림 4.40 부식가공의 원리

이것을 산 또는 알칼리 등으로 이루어진 약품으로 처리하여 화학 반응을 일으켜 노출면만을 용해시키고, 용해로부터 보호된 부분의 감광유제를 제거해서 금형을 제작하는 것이다. 그림 4.40은 부식 공정의 원리를 나타낸 것이다.

가공액에 노출하고 있는 면은 모두 동시에 가공되기 때문에 복잡한 곡면이 균일하게 가공되고 또 대단히 큰 공작물도 가공할 수 있고, 마스터의 전사 정밀도가 극히 높아 1 μm 이하의 작은 요철이라도 정확하게 복제된다. 단, 조각이 얕고 입체감이 부족하다는 결점이 있다. 용도로서는 네임 플레이트, 프린트 배선, 스케일의 눈금 등의 가공과 플라스틱 제품의 줄무늬를 내는 금형의 제작에 이용된다.

5 금형실무와 관리

금형실무와 관리

1 금형실무

금형은 수주에 의해 개발이 시작되고 또 제품의 모델 변경(model change)에 따라 금형의 수정을 요하는 경우도 많이 있기 때문에 납기일의 단축과 제조 코스트의 절감이 항상 요구된다. 그림 5.1은 금형 수주 이후의 금형 개발일정 계획의 예를 나타낸 것이다.

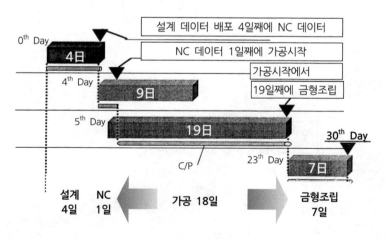

그림 5.1 금형 개발일정 예

금형의 제작기간 단축과 제작비용 절감을 위해 현장에서는 다음과 같은 활동들이 이루어지고 있다.

- 생산준비기간 단축 [(예) 금형제작은 90일 → 30일]
- 금형 치수 합격률 100% [(예) 첫 회 시작 시점부터]
- 설계공수 단축 [(예) 같은 인원, 2배의 매출에 대응]
- 설계로스의 저감 [(예) 기존의 1/5 수준]
- 9개 항목의 달성수단
  ① 설계시스템에 의존하여 제품설계
  ② 소프트웨어 TOOL의 구축(3차원 그래픽에 의한 간섭체크)

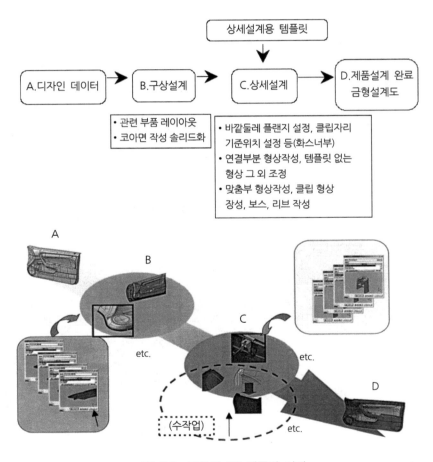

그림 5.2 금형의 3D 템플릿 설계

③ 금형의 3D 템플릿 설계(강제적 사용 : 디자인 데이터를 완전하게, 템플릿을 사용하고 형상을 작성해 간다.)

④ 방전손실 감소

⑤ 사상손실 감소

⑥ 수정손실 감소

⑦ 숙련손실 감소

⑧ 도입 설비 결정

⑨ 금형제조를 위한 조립 시스템 구축

최근에는 금형의 제조 기술을 생산 시스템으로 취급하고, 그림 5.2에 나타낸 것과 같이 CAD/CAM 시스템에 의한 생산성을 향상시키는 것이 시도되고 있다.

1.1 견적

금형은 구조, 정밀도, 재료, 가공 방법에 따라서 제작에 소요되는 시간이 다르고 견적 금액에 큰 영향을 준다. 따라서 발주자와 금형 제작회사는 금형의 설계, 구조 및 공법 등 여러 가지 사항을 세밀하게 협의하는 것이 필요하다. 그러나 현실은 단지 제품의 견본 또는 제품도에 의해서 금형견적을 의뢰받는 경우가 많고, 금형제작사의 설계자는 이들을 근거로 금형의 대략의 구조를 검토하고 구상도를 그린다.

금형의 견적은 구상도에 의거해서 작성하는데, 견적서에는 다음의 내용들이 기본적으로 포함된다.

① 가격 : 재료비 및 부품 구입비, 부품 가공비 및 조립 수정비, 설계비, 여기에 일반 관리비 및 판매비를 가산한 총계이다. 대형 금형인 경우에는 운송비 및 포장비도 반드시 포함시킨다.

② 납기 : 금형의 완성·납입 기일

③ 총 수명 : 다이를 재연삭하거나 간단한 수정을 하는 경우가 발생할 수 있지만, 금형을 정상적으로 사용할 수 있는 가능한 기간을 총수명이라 한다. 제품 단가에 금형 상각비를 포함해서 견적을 내는 경우도 있다.

④ 사용설비 : 일반적으로는 금형에 사용할 설비 능력이 미리 제시되지만, 그 설비의 성능이 금형 작업에 맞지 않거나 또 신규 설비 추진계획이 있을 시 그에 따른 조건을 명시한다.

금형의 원가산출 시 고려해야 할 인자들은 다음과 같이 여러 가지가 있다.

- 제품 캐비티 수 결정
- 재료규격
- 게이트 위치 및 사출기 결정
- 몰드베이스 및 코어 사이즈 선정
- 시작/양산 구분(재질/냉각 구분)
- 언더컷 및 기타 부품 원가 산출
- 설계 → 가공 → 조립 등 원가 산출
- 부식관계(일반, 다중부식)
- T/Out비 및 운반비 산출
- 관리비 및 이윤 고려
- 최종원가 산출

이러한 검토를 통해서 최종적으로는 1) 몰드베이스의 가격, 2) 구조도, 3) 금형자료, 4) 금형사이즈, 5) 부재료비, 6) 인원, 7) 가공공수, 8) 난이도, 9) 경비 테이블, 10) 요청사항, 11) 금형원가계산서 등을 원가산출 결정 자료로 함께 제출한다.

1.2 금형설계

금형의 가격, 납기 등에 대한 견적 및 다이의 구상도를 제출하고, 발주자의 납품 요청서를 받았다면 다이의 설계에 들어간다. 설계에 있어서는 다음과 같은 점에 주의해야 한다.

① 제품 설계자의 의도를 충분히 반영할 것
- 설계검토를 통한 문제점 반영으로 금형 수정 최소화

② 작업 능률, 준비 시간, 안정성을 고려

③ 금형 제작비용의 절감

금형 부품은 가능한 한 KS 규격 등의 표준화된 부품을 사용한다. 표준화된 금형의 구조는 각 기업의 고유 기술의 축적 및 표준화에 유용하게 활용될 수 있다. 또한 부품, 구조, 가공의 표준화는 도면에 표시할 내용도 생략 가능하게 하므로 설계 공수의 감소로 연결된다.

다음은 블랭킹 다이 및 사출성형 금형의 설계에 있어서 고려해야 할 사항이다. 다른 금형도 유사하다.

① 블랭킹 다이의 설계

㉮ 생산 수량, 정밀도, 능률 및 제품 코스트 등의 검토

㉯ 가공 하중의 산출과 사용 프레스의 결정

㉰ 다이의 양식, 구조 및 치수

㉱ 재료의 판 선택과 사용 치수의 결정

㉲ 펀치와 다이의 형상, 재질 및 배열과 부착 방법

㉳ 가이드 스트리퍼 및 이송 방법

㉴ 제품 및 나머지 재료의 제거 방법

② 사출성형 금형의 설계

㉮ 제품의 수지는 어떤 것인가

㉯ 금형 가공면으로부터 제품 형상의 검토

㉰ 성형기의 선택, 결정

㉱ 캐비티수, 배열, 분할면, 러너 등 금형 주조의 검토

㉲ 금형 각부의 강도의 재검토

다음은 자동차 부품의 사출 금형설계를 위한 검토 내용 예를 보여준다.

(1) 사출 금형의 각부 명칭

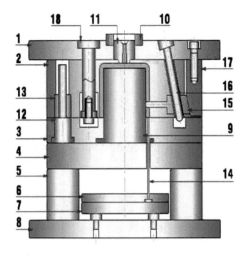

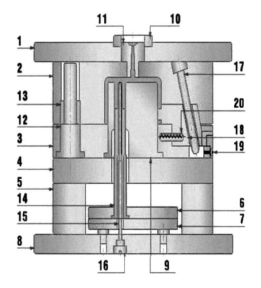

번호	명 칭
1	상고정판
2	고정측 형판
3	가동측 형판
4	받침판
5	스페이서 블록
6	이젝터 플레이드 상
7	이젝터 플레이트 하
8	하고정판
9	코어
10	로케이팅링
11	스프루 부시
12	가이드핀
13	가이드핀 부시
14	이젝터 슬리브
15	고정핀
16	고정볼트
17	앵귤러핀
18	사이드코어
19	스토퍼
20	코일스프링

그림 5.3 사출 금형의 각부 명칭

(2) 몰드 베이스 재료(국가별)

표 5.1 몰드 베이스 재료

구분	몰드 베이스	부품	일본	유럽	미국	K사	비고 (H_RC)
상원판		상원판 CAVITY (일체형)	SNCM4 (S55C개량)	12330	P20	KP4	- 경도 비교 - 1) KP4/SCM440/ 17225/4140H $\Rightarrow H_RC\ 25\sim30$ 2) KP4M/SNCM4/ 1,2330/P20/ $\Rightarrow H_RC\ 30\sim35$
상원판		국내 상당 재질	KP4M	KP4M	KP4M		
하원판		하원판 CAVITY (일체형)	SCM440 (S55C개량)	17225	4140H	KP1	
하원판		국내 상당 재질	KP4	KP4	KP4	S45C (KP1)	
하원판		하원판 (CORE삽입)	SCM440 (S55C개량)	17225	4140H		

(3) 러너와 게이트

사출시 금형에 수지가 유입되는 입구이며 통상적으로 러너의 형상은 사각, 원형 등 제품에 특성에 따라 설계한다.

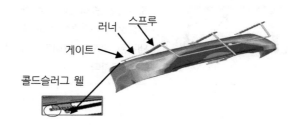

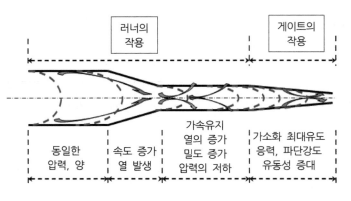

ــــ 러너의 작용 ــــ | ــــ 게이트의 작용 ــــ

| 동일한
압력, 양 | 속도 증가
열 발생 | 가속유지
열의 증가
밀도 증가
압력의 저하 | 가소화 최대유도
응력, 파단강도
유동성 증대 |

그림 5.4 러너와 게이트

- 스프루 : 금형의 입구에 위치하며, 가소화 및 용융된 수지를 러너로 보내는 역할
- 러너 : 스프루와 게이트를 잇는 용융수지의 흐름길 역할
- 게이트 : 러너의 말단과 캐비티 형상의 입구에 위치하며, 용융수지를 제품형상부로 유입시키는 역할
- 콜드슬러그웰 : 굳은 수지가 제품부에 유입되지 않도록 함

(4) 게이트 구조 및 러너 형상

표 5.2 게이트 구조 및 러너 형상

종류 ＼ GATE	형 상	장단점
다이렉트 게이트	B	다이렉트 게이트를 사용할 때에는 게이트의 반대면에 그림의 B와 같이 성형품 두께의 t/2 정도로 콜드슬러그웰(cold slug well)을 가공 설치함으로써 스프루를 통과하면서 표면과 접촉하여 냉각된 수지가 캐비티 안으로 흘러들어가는 것을 방지한다.

종류 　　GATE	형 상	장단점
사이드 게이트		성형품의 측면에 있는 직사각형 또는 반원형의 주입부를 사이드 게이트라고 한다. 〈장점〉 - 단면형상이 간단하므로 기계가공이 쉽다. - 게이트의 치수를 정밀하게 마무리할 수 있다. - 거의 모든 수지에 적용된다. 〈단점〉 - 성형품의 외관에 게이트 흔적이 남는다.
오버랩 게이트		표면에 게이트가 설치되기 때문에 사이드 게이트보다 게이트 마무리 처리에 주의가 요구
서브마린 게이트 (submarine gate)		1. 게이트가 러너로부터 경사지게 터널식으로 뚫려 제품의 측면에 설치되는 형식의 게이트로서 일명 터널 게이트(tunnel gate)라 한다. 2단 금형 구조에 적용되나 금형이 열릴 때는 3단 금형 핀 포인트 게이트처럼 게이트부가 자동적으로 절단되기 때문에 2차 가공이 생략된다. 2. 성형품 표면에 게이트 자국이 남지 않고 측면 또는 이면에 설치할 수 있으므로 외관이 중요시될 때 많이 사용한다. 3. 게이트의 가공이 어렵다. 게이트의 원형절단면에 의해 제품과 게이트가 절단되므로 원주면이 칼날처럼 날카롭지 않으면 제품이 분리될 때 전단면이 깨끗하지 않게 된다. 4. 사출유동길이가 길어 압력손실이 크므로 사출기의 사출압력을 크게 해야 한다. 5. 적용수지 : PS, PA, POM, ABS 등이 많이 사용된다.

(5) 냉각 공정

① 목표

- 냉각시간을 최소화/생산성 향상
- 불균일한 냉각을 방지하여 제품의 휨변형(warpage)을 방지

② 공정

- 금형이 취부되는 동시에 금형 냉각은 시작되나 실제적으로 금형의 냉각공정은 2
차 보압이 완료된(수지 흐름이 정지된 상태) 이후부터 수지의 Ejector tempera-
ture까지 냉각을 시키는 공정을 말한다.

 Ejector temperature란?

Ejector pin으로 제품을 취출할 때 백화 또는 기타 휨변형이 없는 수지 온도를 말한다.
예 TPO(HMC BPR CVR소재) 경우 : 90℃, ABS/PC(HMC C/PAD 소재) 경우 : 110℃

③ 공정조건

- 금형 표면 온도 관리
- 냉각수(유) 온도 관리
- 냉매 종류(공업용수, 지하수)
- 냉각시간

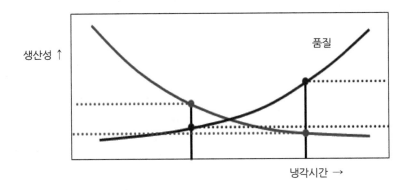

그림 5.5 냉각시간 - 생산성 그래프

④ 냉각방법

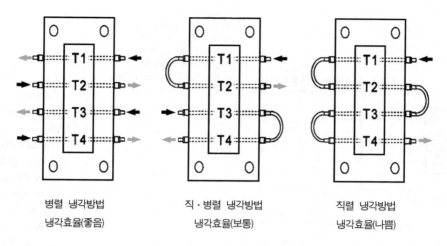

병렬 냉각방법
냉각효율(좋음)

직·병렬 냉각방법
냉각효율(보통)

직렬 냉각방법
냉각효율(나쁨)

그림 5.6 냉각방법의 비교

⑤ 매체(물) 온도와 금형 온도 변화

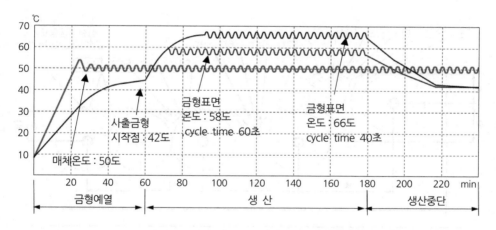

그림 5.7 매체(물) 온도와 금형 온도 편차

⑥ 금형 온도 관리 포인트

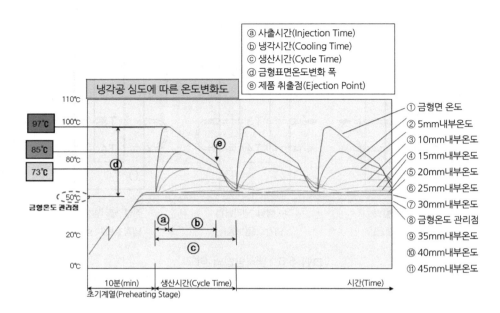

그림 5.8 금형 온도 관리 포인트

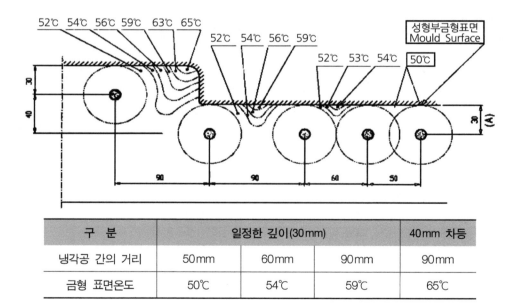

구 분	일정한 깊이(30mm)			40mm 차등
냉각공 간의 거리	50mm	60mm	90mm	90mm
금형 표면온도	50℃	54℃	59℃	65℃

그림 5.9 냉각공 거리에 따른 온도 변화도

1.3 부품 가공

금형 부품의 가공 방법은 금형의 종류, 형상 및 요구되는 정밀도 등을 고려하여 가장 적합한 것을 선택한다. 부품 소재로 단조재 및 압연 강재를 사용할 경우 내부응력 제거를 위해 열처리 공정이 필요하고, 이후 다듬질도 해야 하므로 거친 가공 단계에서 가공 치수는 다듬질 여유가 있도록 도면보다 크게 가공한다.

거친 가공 및 중간 다듬질 가공기계로서는, 윤곽머신(contour machine), 전단기, 선반, 드릴링 머신, 밀링 머신, 형삭반, 평삭반, 보링 머신 등의 범용 공작기계 및 금형조각기(die sinking machine) 등의 전용기가 사용된다.

열처리는 강재에 경도, 강도, 내마모성 및 인성 등을 부여하기 위해 실시한다. 열처리 중 어닐링(annealing)에는 단조, 주조, 기계가공, 용접 등에 의한 내부응력 제거를 목적으로 한 응력 제거 어닐링, 소성가공성 및 절삭가공성의 향상을 목적으로 한 구상화 어닐링, 고온 환경 하에서 생성된 거친 조직을 미세화하고, 기계적 성질을 개선하기 위한 어닐링이 있다.

또, 강을 경화 혹은 강도를 증가시키기 위해 하는 담금질, 담금질에 의해 발생한 내부 응력을 제거하고, 용도에 따른 경도와 인성을 얻을 목적으로 행하는 템퍼링(tempering)이 있다. 표면처리는 재료를 가열 또는 화학처리에 의해서 표면의 일정 깊이까지의 경도를 증가시킨다.

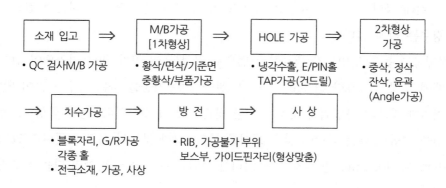

그림 5.10 사출 금형 가공 공정 흐름

다듬질 가공이란, 최종 가공 단계로서, 연삭기, 지그 보링 머신 등의 다듬질 공작기계에 의한 가공, 수작업에 의한 줄 다듬질이나 래핑, 다이의 연마가공 등을 말한다. 특히 사출성형 금형의 캐비티의 표면거칠기는 재료의 흐름에 큰 영향이 있을 뿐만 아니라 제품 외관의 표면 광택 품질에도 관계가 있고, 다이의 수명에도 영향을 미치므로 충분히 유의해야 한다.

그림 5.11 냉각수 홀 가공장비

1.4 다듬질 · 조립 · 검사

기계가공을 끝낸 부품은 요구되는 치수와 정밀도로 가공되어 있는지를 확인하고 조립한다. 그런데 금형은 이들의 부품을 그대로 조합, 또는 볼트 조임을 하는 것만으로 완성되는 경우는 많지 않다.

금형제작은 높은 정밀도가 필요한 작업으로 각 부품이 공차 내로 가공되어 있어도 조립할 때에 조정이 필요한 경우도 있다. 또 현물 맞춤 가공을 하는 경우도 많이 있다. 특히 열처리한 부품의 구멍위치 맞춤은 현물 맞춤 가공이 필요하다. 상하 금형 등 동일 형상의 것을 결합할 때는 각각에 맞춤 표시를 한다. 상하 부품이 서로 어긋나지 않게 하기 위해서 로크핀(lock pin)을 설치한다. 이러한 작업 모두 조립시의 여러 다듬질 조정 공정 중의 하나이다.

다이 조립을 하고 난 다음에는 모든 것이 설계대로 되어 있는지 검사한다. 금형의 정밀도는 제품에 직접적으로 영향을 미치는 정밀도와 금형으로서의 성능을 발휘하기 위하여 필요한 정밀도가 있다. 후자의 정밀도는 금형의 안착 및 습합 등을 검사해 조정해야 한다.

블랭킹 다이의 경우에는 얇은 종이를 재료로 타발하고 종이의 잘려진 상태에 의해서 클리어런스의 양과 펀치와 다이 중심 벗어남을 조사한다. 플라스틱 사출 다이, 다이캐스팅 다이, 주조 다이 등의 캐비티 다이 검사는 석고, 저용융 금속, 특수한 왁스 등, 수축이 작은 유체를 주입하고 응고시켜서, 캐비티의 형상, 탕의 흐름, 수축, 치우침 등을 검사한다.

그림 5.12는 사출 금형의 조립 공정을 나타낸 것이며, 그림 5.13은 스포팅기 사진이다.

부품 입고 ⇒ **면사상** ⇒ **냉각라인 조립** ⇒ **금형조립**

- 면사상
  - 고정형 #800
  - S/CORE, E/BLOCK
  - 가동형, 기준면사상
- 냉각라인 조립
  - 냉각라인검토
  - 배플판조립
- 금형조립
  - 각종 블록 조립
  - 블록류 습합
  - 가동+경사+홀더 조립
  - ROD길이맞춤
  - E/PIN 조립
  - 작동시험

⇒ **스포팅** ⇒ **외부조립** ⇒ **T/O**

- 스포팅
  - 금형안착
  - 고정기준면 습합
  - 간섭부해소
  - 가스길(0.02~0.05)
- 외부조립
  - 매니폴더조립
  - 유압관련 부품조립
  - 내압센서, 온도조절장치
  - 전기관련부품조립

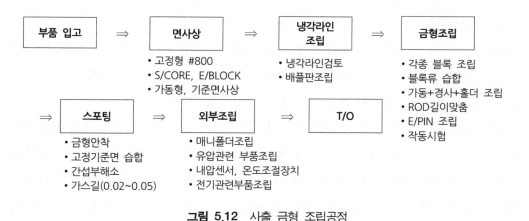

그림 5.12 사출 금형 조립공정

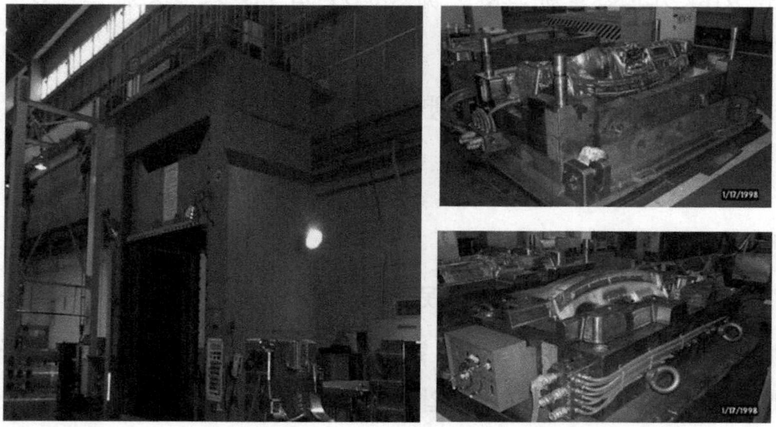

그림 5.13 스포팅기(사상 최종단계 : 고정형과 가동형의 합형을 위한 사상장비)

금형에서 중요한 것은 금형을 사용하여 제작한 제품이 초기품질을 유지하면서 대량 생산에도 문제가 없어야 한다는 점이다. 이와 같은 요구를 충족하기 위해서는 금형뿐만 아니라 금형을 장착하는 성형기 및 성형가공 기술도 매우 중요하다.

금형을 설계할 때 금형을 장착할 성형기계와 성형가공 조건을 충분히 고려하여 제작한 금형이라도, 실제 가공을 해보지 않고 시뮬레이션만으로는 성형제품의 품질 정도를 충분히 알 수 없다. 따라서 금형을 조립·검사한 후에 시험 가공을 하고, 가공된 제품의 품질을 분석하고 필요한 경우 금형의 수정작업을 한다. 그리고 금형의 기능 및 안정성을 확인하고, 불합리한 것이 있으면 고치는 것이 일반적으로 과정이다.

블랭킹 다이는 시험가공에 의해서 얻어진 제품의 치수를 확인하고, 휨, 굽힘, 거스러미 및 전단면으로부터 클리어런스의 치우침을 조사한다. 다이의 기능으로서 스크랩 업(scrap up), 스크랩 스톱(scrap stop), 재료 이송도 확인한다.

굽힘 다이나 드로잉 다이는 재료의 스프링백의 영향이 있으므로 이를 충분히 확인해야 한다. 또 펀치, 다이 모서리의 라운드 R의 크기에 따라 제품에 균열, 주름, 흠이 발생되므로, 이들을 세밀하게 검사해서 다이의 품질 성능을 높인다. 캐비티를 가진 성형금형은 제품의 치수를 검사하고, 휨, 굽힘, 플래시, 표면의 상태를 조사하고, 분할 다이의 맞춤, 빼기 구배, 탕구, 스프루, 게이트, 다이의 냉각 방법 등을 검토한다.

이와 같이, 시험 가공을 통해 금형을 개선함으로써 비로소 완성된 금형으로 제품 가공에 활용할 수 있다.

다음은 플라스틱의 사출성형 시 발생할 수 있는 여러 가지 불량 유형을 정리한 것이다.

(1) 미성형(Short shot)

미성형은 사출품이 완전히 형성되지 못한 불량으로 수지가 몰드 캐비티 속을 꽉 채우지 못할 때, 또는 수지가 빨리 굳을 때 발생한다. 미성형의 원인은 여러 가지가 있는데 사출과정에서 시간이 충분하기 않거나 압력이 작거나 하는 등이 원인이 된다. 때로는 재료가 몰드의 가장자리에 도달하기 전에 냉각되는 일이 발생하기도 한다.

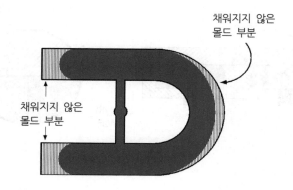

채워지지 않은
몰드 부분

채워지지 않은
몰드 부분

그림 5.14 미성형

표 5.3 미성형 현상 및 대책

현 상	미충전 발생	
해결방법	원 인	대 책
성형기계 조건	수지유동성 부족 원료 공급량 부족 사출속도 낮음 수지온도 낮음	수지 유동성 증가 성형압력 증가 사출속도 증가 수지온도 증가
금형 조건	금형온도 낮음 금형살 두께 얇음 스프루 작음 제품이 두꺼운 부분	금형온도 증가 금형두께 조절 스프루 크게 함 진공펌프 배기
성형 재료	원료 유동 불량 원료 윤활 처리 불량	원료 유동성 증가 윤활성 증가

(2) 플래시(Flash)

플래시는 재료가 너무 많이 공급되어 다이 틈새로 밀려나온 것이다. 기본적으로 재료가 캐비티 밖으로 넘친 것이다. 사출압이 높을 때, 사출시간이 길 때, 다이 클램핑 힘이 불충분할 때 발생한다. 또 금형 폐력이 좋지 않을 때 발생한다.

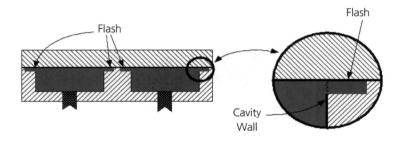

그림 5.15 플래시

(3) 플로 마크(Flow mark)

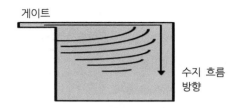

그림 5.16 플로 마크

표 5.4 플로 마크 현상 및 대책

현 상	금형 내의 수지가 게이트를 중심으로 흐름 얼룩무늬가 나타남	
해결방법	원 인	대 책
성형기계 조건	수지온도 낮고 불균일 노즐온도 낮음 사출속도 낮음	노즐온도 높임 콜드슬러그웰 크게 함
금형 조건	금형온도 낮음 금형냉각 부적당 쿠션량 부족 냉각 방법 불량	금형온도 증가 캐비티 조절 스프루 크게 냉각배관 위치 변경
성형 재료	수지 흐름성 나쁨 수지점도 큼	수지 유동성 증가

(4) 제팅(Jetting)

제팅은 일반적으로 가소화된 용융수지가 게이트와 게이트 반대면 사이 넓은 공간의 개방 단면 속으로 사출될 때 발생한다. 즉, 수지는 게이트에서 사출될 때 속도가 증가하면서 빈 공간인 캐비티 속으로 사출된다. 그 흐름은 끊기지 않으면서 반대 벽까지 도달하고 빠르게 굳는다. 계속 유입되는 수지 흐름은 이미 굳어져 있는 흐름 위를 덮으면서 공간상에서 다시 굳으면서 라인 자국을 형성하게 된다.

제팅을 줄이기 위해서는 사출 흐름이 가까운 벽을 향하도록 게이트를 설치한다. 그렇게 하면 사출 흐름이 벽에 먼저 부딪치고 적당한 형태로 퍼져 나간다. 용융수지가 빠르게 움직이는데 냉각은 일정치 않으므로 흐름 라인 자국은 생긴다.

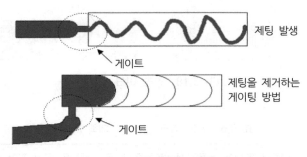

그림 5.17 제팅

표 5.5 제팅 현상 및 대책

현 상	충전과정에서 최초에 저온재료가 분출하고 뱀 이동자국 모양이 성형제품에 남겨지는 현상	
해결방법	원 인	대 책
성형기계 조건	사출속도 과다 사출온도 낮음	사출속도 적정 유지 사출온도 높임
금형 조건	게이트 위치 불량 성형품 두께에 비해 게이트의 단면적이 작다.	게이트 단면적 크게 금형온도 높임
성형 재료	수지 흐름성 나쁨 수지점도가 큼	수지 유동성 증가

(5) 싱크 마크(Sink mark)

싱크 마크는 역시 공통적으로 발생하는 사출 몰딩 불량 중의 하나이다. 과도하게 두껍거나 두께의 급격한 변화가 원인이 된다. 두꺼운 단면에서 플라스틱은 게이트 등 모든 것이 굳은 후에도 여전히 녹아 있는 상태이다. 두꺼운 단면에서 녹아 있던 플라스틱이 굳을 때 모양을 유지해주는 압력이 없다면 벽으로부터 수축되며, 이것이 싱크 마크 불량을 야기한다.

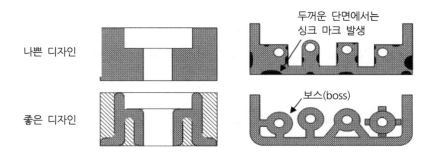

그림 5.18 싱크 마크

표 5.6 싱크 마크 현상 및 대책

현 상	성형품 표면에 오목하게 파인 홈, 얼룩, 굴곡 등 금형 표면 접촉된 부분에서 냉각되는 과정에서 발생됨.	
해결 방법	원 인	대 책
성형기계 조건	원료수지 공급 부족 사출압력 낮음 냉각 불균일 금형 열림 빠름	계량량 늘림 보압 시간 길게 사출 압력 빠르게
금형 조건	금형온도 너무 높임 금형온도 불균일 게이트 작음 러너, 스프루 작고 리브가 많음	게이트 단면적을 크게 함 리브, 보스 가능한 없게 리브, 보스 있을 경우 가늘고 작게 냉각 채널 고르게 냉각 라인 구경 크게
성형 재료	원료 수지 흐름 과속 원료 수축이 큼	원료 무기물 충진재를 첨가

싱크 마크를 제거하거나 줄이기 위해서 과도하게 두꺼운 단면은 재료를 최소화하거나 제거하도록 한다. 일반적으로 두꺼운 단면은 단면빼기하고 대신 리브(rib)를 설치 강성을 유지하도록 한다.

홀(hole)을 만들 때 벽에서부터 홀을 지지하기 위한 솔리드 단면을 생성하여 만드는 방법은 좋은 방법이 아니다. 오히려 솔리드 단면보다 보스를 활용하여 홀 주위를 지지하도록 하여 홀을 만드는 것이 싱크 마크를 제거하는 방법이다.

(6) 웰드라인(Weld lines)

웰드라인은 흐름 전방부가 몰드 내에서 만날 때 일어난다. 웰드라인은 외관 불량뿐만 아니라 제품의 강성을 약화시킨다. 흐름 전방부가 서로 만날 때 온도가 낮을수록 융화되기 어렵다. 그래서 온도가 낮을수록 웰드라인은 더 뚜렷해지고 그 부분에서 강성이 취약해진다. 용융 수지의 온도가 낮아지는 정도는 얼마만큼 멀리 유동하였는가 즉, 유동길이에 직접적으로 관련이 되어 있다. 유동길이가 긴 경우에는 솔리드 코어에서 다중게이트가 사용될 때도 있다. 이 경우 웰드라인은 많이 발생하지만 각 웰드라인 부의 강성은 더 좋다. 그리고 웰드라인은 완전히 반대방향에서 용융 수지가 서로 만날 때 외관상 더 뚜렷하게 나타난다. 반면 흐름면이 여러 속도성분으로 나눠질 때는 웰드라인이 약화된다. 흐름면이 최소한 부분적으로 같이 움직일 때 혼합은 더 좋아진다.

웰드라인은 가능한 피해야 한다. 예를 들면 솔리드 스퀘어(solid square) 경우 웰드라인을 피하기 위해 게이트를 한 곳에 두어야 한다.

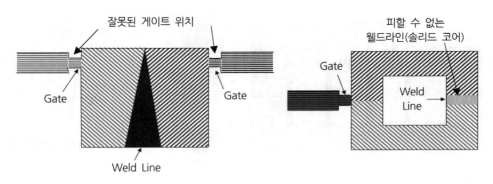

그림 5.19 웰드라인

솔리드 코어일 경우는 웰드라인을 피할 수는 없다. 그러나 흐름이 서로 간섭을 최대로 일어나게 하여 웰드라인 발생을 최소화할 수 있다. 한 방법으로 웰드라인이 형성되는 면을 열로 뜨겁게 유지한다.

(7) 이젝터 핀 마크(Ejector pin marks)

사출물이 충분히 냉각되면 캐비티 금형이 열리고 이젝터 핀이 사출물을 밀어낸다. 보통 핀이 사출물을 밀어내는 자리에 마크가 남는다. 핀 마크는 다음의 4가지 다른 원인에 의해 생긴다.

① 핀이 플러시(flush)면 위에 있다.

② 핀이 플러시(flush)면 아래에 있다.

③ 핀 주위에 클리어런스가 있다.

④ 재료가 너무 물려서 사출물이 눌려진다.

이젝터 핀 마크는 실제로 피할 수는 없다. 캐비티 벽면과 핀 표면이 완전히 같은 위치에 있는 것이 불가능하다. 그러나 핀이 가능한 캐비티 면과 같은 면을 유지하도록 해서 심각한 정도를 줄일 수 있다.

또한 이젝터 핀과 다이 캐비티에 있는 홀 사이의 클리어런스는 작게 유지해야 한다. 그렇지 않으면 이젝터 핀 주위에 플래시가 발생한다. 어느 정도 불량이 생기는 것은 피할 수 없으므로 핀 마크가 가능한 몰드의 비 관심부위에 생기도록 설계한다.

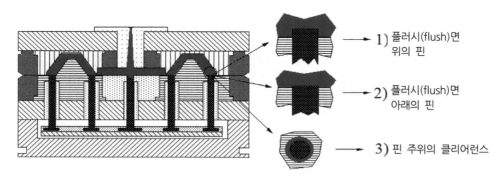

그림 5.20 이젝터 핀 마크

(8) 휨변형(Warpage)

휨변형은 사출 성형된 부품의 평면이 뒤틀리는 것으로, 냉각과정 동안 부품의 변형이 구속되어 발생한다. 휨변형은 전형적으로 비등방성 수축 현상이다. 비등방성 수축이 생기는 데는 여러 가지 이유가 있다. 두께의 변화, 용융 방향에 의한 서로 다른 수축률, 몰드 캐비티의 압력 차이 등이 비등방성 수축을 유발한다.

휨변형은 잔류응력 발생과도 관련이 있다. 부품이 큰 경우에는 휨변형이 크게 나타나지는 않지만 반대효과로 잔류응력(residual stress)이 생기게 된다. 또한 게이트는 보통 위치상 극단적으로 빨리 냉각되므로 게이트 주위에 보통 잔류 응력이 존재하게 된다.

그림 5.21은 휨변형이 생기는 디자인 예를 나타낸 것이다. 그림(a)는 초기 설계 형태이며, 이러한 제품을 사출하면 (b)와 같은 휨변형이 생길 수 있다. 그림(c)는 (a)의 설계를 약간 변경하여 휨변형을 방지한 것을 보여준다. (c)의 윗그림은 (a)의 T자 중심부 뒤에 홈을 파서 구속을 완화시켰으며, (c)의 아랫그림은 상부에 리브를 덧붙여서 휨변형을 방지하였다. 리브는 나중에 제거하여 제품을 완성하면 된다.

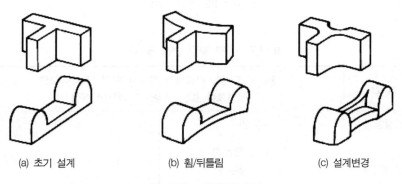

(a) 초기 설계   (b) 휨/뒤틀림   (c) 설계변경

그림 5.21 휨변형 개선

(9) 힌지(Hinge) 불량

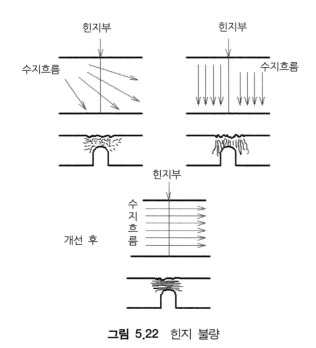

그림 5.22 힌지 불량

표 5.7 힌지 불량 현상 및 대책

현 상	제품의 표면이 평활하지 못하여 빛의 산란 등으로 불명료한 흐린 모양으로 나타난 현상	
해결방법	원 인	대 책
성형기계 조건	수지용융 불균일 수지 과열분해 윤활제 휘발분 함유 실린더 청소 불량	스프루, 러너, 게이트 확대 수지온도 내림 금형온도 내림
금형 조건	금형면 정밀도가 낮음 금형재질 연마가 불량 금형두께 불균일	금형면 조도 조절 두께 조절 금형온도 조절
성형 재료	원료 수분 또는 휘발분 혼입 원료 공기 혼입 결정속도 빠르고 결정화도 높음	원료 건조 가스빼기 실시 호퍼 냉각 온도 낮게

(10) 흑점(Black spot)

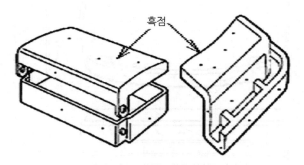

그림 5.23 흑점 불량

표 5.8 흑점 현상 및 대책

현 상	수지 중의 첨가제나 윤활제가 열분해되거나 기타 검은색 탄화물이 박혀 있는 현상	
해결방법	원 인	대 책
성형기계 조건	청소 불량 사출속도 빠름 사출압력 큼 성형온도 높음	청소 실시 사출속도 느리게 사출압력 작게 성형온도 낮게
금형 조건	제품 두께 변화 큼 게이트 크기가 작음 배기 불량	게이트 조절 게이트 위치 변경
성형 재료	원료 이물질 혼입	혼입 방지

(11) 흑줄(Black Streak & burned)

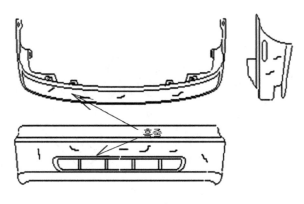

그림 5.24 흑줄 불량

표 5.9 흑줄 현상 및 대책

현 상	수지 중의 첨가제, 윤활제가 열분해되거나 기타 안료가 탄화되어 검은색 띠를 형성하면서 발생된 현상	
해결방법	원 인	대 책
성형기계 조건	청소 불량 사출속도 빠름 사출압력 빠름 성형온도 높음	청소 실시 사출속도·압력 낮게 성형온도 낮게
금형 조건	금형 데드존 청소 불량	청소 실시
성형 재료	원료 이물질 혼입	혼입 방지

(12) 핀홀(Pin hole) 및 보이드(Void)

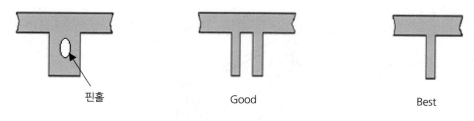

핀홀   Good   Best

그림 5.25 핀홀 및 보이드 불량

표 5.10 핀홀 및 보이드 현상 및 대책

현 상	제품의 두꺼운 부분 냉각 시 내부에 공간이 발생되는 현상	
해결방법	원 인	대 책
성형기계 조건	사출압력 부족 보압 부족 사출속도 빠르거나 느림 쿠숀량 적음	스프루, 러너 확대 수지온도 내림 사출압, 보압을 길게 함
금형 조건	휘발분 배기 불량 게이트 작음 금형온도 낮음 노즐부 저항 큼	살 두께를 얇게 필요시 리브로 대체 금형온도 높게 게이트 크게
성형 재료	원료 수축이 큼 수분, 휘발분 혼입 결정화속도 빠름	무기물 충진재 첨가 결정화 속도 조절

(13) 크랙 및 백화

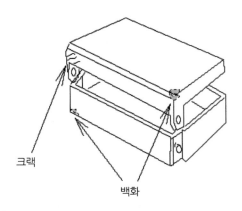

그림 5.26 크랙 및 백화 불량

표 5.11 크랙 및 백화 현상 및 대책

현 상	성형수축에 의한 변형, 잔류응력 발생으로 인하여 사출제품의 표면에 크랙 및 백화 현상이 나타남.	
해결방법	원 인	대 책
성형기계 조건	사출압력이 높음 보압이 길고 높음 과잉충전 냉각 불충분	사출압력, 보압 낮춤 계량량 조절 금형온도 높임
금형 조건	게이트 위치 불량 냉각라인 불량 경사각도 부족	게이트 조절 게이트 위치 변경 경사각도 조절
성형 재료	어닐링 부족 결정화 속도 빠름	어닐링 시간 늘림

2 금형의 보수

금형은 한 로트(lot)의 작업이 끝나면, 다음 로트 작업을 시작할 때까지 휴지 기간이 있다. 이 기간을 이용해서 금형을 점검하고 정비한다. 금형의 점검을 작업이 끝난 직후에 하느냐 또는 작업을 시작하기 직전에 하느냐 하는 시기적 선택이 있는데, 가능하면 양쪽 모두 다 하는 것이 바람직한 방법이다.

작업이 끝난 직후에는 생산된 제품이 바로 옆에 있으므로 제품과 비교하면서 금형을 체크할 수 있고, 금형의 수리 또는 부품의 교환을 필요로 하는 경우에 충분한 시간적 여유가 있다. 그러나 금형을 이와 같이 완전하게 정비해 두어도 보관 상태가 나쁘면 금형에 녹이 발생되거나, 금형에 충격이 가해져 문제를 일으킬 수 있기 때문에 작업 전의 점검도 반드시 할 필요가 있다.

금형의 보관 장소로서는 환기가 잘되는 장소를 선정하고, 습도는 70% 이하로 유지하도록 한다.

작은 금형은 정리선반을 설치하여 보관하고, 큰 금형은 바닥에 놓거나 겹쳐서 보관한다. 이 경우, 스트리퍼의 용수철이나 펀치의 날 등이 힘을 받거나 직접 바닥에 닿지 않도록 하고 상하의 금형 사이에는 나무 조각이나 블록을 넣어서 받쳐준다. 그리고 금형에 방청유를 도포하고 비닐로 덮어 먼지 등의 외부 이물질이 침투하지 않도록 해야 한다.

3 금형의 관리

금형은 반복 사용을 하는 경우가 많이 있기 때문에 일반 지그나 공구류와 마찬가지로 충분한 관리가 필요하다. 그렇지 않으면 올바른 금형을 찾는데 시간을 허비하거나 제품이 설계 변경되기 전의 구형의 금형을 잘못 사용할 수 있고, 심한 경우에는 금형이 분실될 우려도 있다. 이와 같은 문제가 발생하는 것을 방지하기 위해서 금형의 보관과 정비가 올바르게 이루어져야 한다.

또, 금형의 이력을 올바르게 기록함으로써 사고나 고장의 발생을 사전에 예방할 수 있고, 금형의 수명예측, 예비부품의 준비에 대해 면밀히 계획을 세우는 것이 가능하게 된다. 금형의 매 로트마다 쇼트수를 기록하고, 금형의 사용현황 및 수리한 경우는 수리 내용 등도 기록한다. 이러한 금형관리는 향후 금형의 수리, 개조 및 금형을 새로 제작할 때 좋은 참고자료로 활용될 수 있다.

금형의 관리 방법으로는 금형관리표 카드와 금형관리대장을 병용하는 방법이 바람직하다. 각 금형에는 각각의 다이 번호를 각인하든지 점으로 표시한다. 다이 번호는 다이의 종류, 사용하는 기계별 등에 의해서 구분기호를 붙이면 편리하다.

금형관리표에는 다음과 같은 항목을 기재하여야 한다.
- 금형번호, 금형명
- 제작(구입)일자, 제작 회사명
- 제품명, 제품중량, 제품도 또는 사진
- 사용기계, 사용조건
- 금형 사용이력, 수리이력 등

금형관리표는 손상되지 않도록 투명한 비닐 등에 넣어 금형에 부착해 둔다. 금형 사용 후에는 바로 작업 월일, 가공수량 및 기타 특기 사항이 있으면 그것을 기입해서 다시 금형에 부착하고 보관한다.

금형관리표는 개개의 금형에 대한 관리의 역할을 하는데 금형에 대한 총괄적인 관리는 금형관리대장에 의한다. 금형관리대장에는 다이 번호와 다이의 보관 장소 및 금형관리표에 기재되어 있는 항목 중 필요한 사항만을 기입해 둔다.

표 5.12와 5.13은 금형관리표와 금형관리대장의 일례이다.

표 5.12 금형관리표

금 형 관 리 표

금 형	번호			제작업체		
	명칭			제작일자		
제 품	품명			제품도		
	품번					
	재질					
	중량					
사 용 현 황	사용장비					
	사용조건					

사 용 기 록	년 월 일	생산수량	누계	년 월 일	생산수량	누계

이 력	년 월 일	수정근거	수정내역	완료일	적용일

표 5.13 금형관리대장

금형 번호	금형명	금형관리 현황				
		사양 NO	제작년월일	보관장소	금형업체	비고

금형을 제품 생산용도에 따라서 분류하면 대량생산 단계에서의 양산금형과 제품의 애프터서비스를 위한 A/S 금형이 있다. 이들 금형의 정기점검 주기 및 보관 방법은 다음과 같다.

(1) 금형 정기 점검 주기

구 분	발주처(사)	외주처(사)
대상	양산금형	양산금형
주기	1회/년	1회/6월
주관	발주사 개발팀	협력사 개발팀
비고	A/S 금형은 방청상태 양호하게 보관 A/S 금형은 작업 전·후 반드시 점검/장기 보관할 것	

(2) 금형 보관/방청 방법(예)

구 분		양산 금형	A/S 금형
장소	대물금형	• LINE SIDE	• 별도 장소
	소물금형	• LINE SIDE또는 별도 보관랙	• 별도 보관 랙
보관현황		• 현황판 유지 • 금형 NAME-PLATE 유지	• 현황판 유지 • 금형 NAME-PLATE 유지
세척/방청 방법		• 용도에 따른 세척/방청제 사용 • 생산 전에는 필히 금형 청소 실시 • A/S 금형은 방청 철저 실시(1회/년 일제 방청실시 등)	

(3) 금형 사용 및 보수시 처리 절차

① 금형 사용관리 기술

㉮ 생산 전에 금형을 청소할 것

㉯ 특히 커팅부에 잔여물이 없도록 청소할 것

㉰ 생산 전에 미끄럼부에 그리스를 주입할 것

㉣ 금형 커버를 씌울 것(커팅 금형만이라도 커버 권장)

㉤ 금형을 청결히 하는 것은 금형 정밀도와 상관이 크기 때문이다.

금형이 청결하지 못하면 이물질 삽입으로 가이드 포스트의 조기 마모가 초래되어 다이와 펀치의 유격이 커지고 양방향 클리어런스가 변화하여 이로 인해 버(burr) 형성이 급격히 일어난다.

② 프레스 금형 사용시의 작업

작업 항목	작업 순서
작업을 시작할 때	• 금형 다이면을 청결히 닦는다. • 가이드 포스트에 윤활유를 도포한다. • 웨이브에 윤활유를 도포한다. • 공타를 5회 이상 실시한다. • 재료에 이물질이 유착되었는가 확인 후 투입한다. • 모두가 만족되면 작업 시작한다.
중간 작업이 끝났을 때	• 금형 다이면에 이물질이 없도록 청결히 닦는다. • 모터 전원 스위치를 끈다. • 금형 주변을 정리한다.
작업이 끝났을 때	• 다이면을 청결히 닦는다. • 가이드 포스트에 이물질을 닦는다. • 가이드 핀에 이물질을 닦는다. • 프레스 램을 하강하여 금형을 닦는다. • 볼트를 풀고 프레스 램을 상승시킨다. • 금형 램 접촉면인 상면을 깨끗이 닦는다.
적재장으로 금형 이동시	• 금형 밑면을 깨끗이 닦는다. • 금형 식별표 오염 여부를 확인한다.
새 작업 금형 도착시	• 금형 밑면을 깨끗이 닦는다. • 프레스 볼스터를 깨끗이 닦는다.

③ 프레스 금형 보수시의 작업

작업 항목	작업 준비 및 작업 내용
수리 의뢰서 접수	보수 책임자가 의뢰 내용 파악 후 담당자 결정 수리 완료 희망일자 파악
가공물 관찰 분석	수리 발생 원인 파악 수리 계획 수립
금형청소	세부 분리 작업 걸레로 닦음(브러쉬) → 경유 세척 → 걸레로 경유 제거 → 건조
금형 수리 부위 분석	부품별 마모 파손 정도 체크 교체 부품 재고 확인
금형 수리	부품 세척 및 청소 교환 부품은 폐기 처리
조립	작업장을 청소한다. 조립 부품을 청결히 한다. 표준 부품을 사용한다. 볼트 체결
금형 테스트	공타를 5회 이상 실시하여 상하 금형의 문제점 점검 종이를 넣어 시타하여 본다. 가공물 확인
수리완료 금형인계	가공물 합격시 생산 부서로 인계한다. 수리내용과 결과를 기록한다.

(4) 금형 세척/방청제(예)

금형 P/L면 관리 및 세척제 사용 기준

① 시글라(SIGLA)

- 용도 : 사출 가스 제거, 방청제 고착물 제거, 녹 제거
- 적용부 : P/L면, 기타 이물질 고착부
- 사용법 : 1. 세척제+물(1 : 1)
  2. 도포 후 와이어브러시 사용
  3. 세척면 세척제 제거

• 주의사항 : 수용성(약 알칼리), 사용 후 완전 제거 필요

② 써티-엣치(CERTI-ETCH)

  • 용도 : 스케일 제거, 녹 및 부식 제거

  • 적용부 : 냉각 LINE 부, 심한 산화부

  • 사용법 : 1. 세척제+물(1 : 1)

            2. 막힌 냉각 LINE에 투입 후 에어로 세척제 제거

            3. 심한 산화부 적당량 도포 후 신주 브러시 사용

            4. 세척면 세척제 제거

  • 주의사항 : 수용성(약 산성), 산성 물질이므로 사용 후 완전 제거 필요

③ 경유

  • 용도 : 그리스 고착물 제거, 유류성분 이물질 제거

  • 적용부 : 가이드 핀부, 사이드 코어 작동부

  • 사용법 : 도포 후 적정시간 동안 방치 후 경유 제거

  • 주의사항 : 사용 후 제거 필요

④ ISC/D

  • 용도 : 세척제 이물질 제거

  • 적용부 : 상하 형상부, 마무리 작업시

  • 사용법 : 도포 즉시 제거

  • 주의사항 : 휘발성 강함

⑤ 방청제(SUPER-1.2.3, CRC-5.56)

  • 용도 : 표면 도포, 방청 도포 필요부

  • 적용부 : 상하 형상부

  • 사용법 : 도포

⑥ 몰드팩(코팅제)

  • 용도 : 금형표면 코팅

  • 적용부 : 캐비티면

  • 사용법 : 도포

  • 주의사항 : 장기보관 ITEM에 사용

(5) 사출금형 수리(예)

① 금형 Parting면 청소

P/L(Parting Line)면을 항상 고운 숫돌 등으로 래핑해 두면 버(burr) 제거가 용이하게 되고, 버에 의한 P/L면의 눌려 찌그러짐, 상처 등을 방지할 수 있다. 또, 가스빼기 통로(gas-vent)도 같이 래핑하면 좋다. 금형의 래핑작업은 금형업체에서는 미각기작업이라는 용어를 쓰고 있다.

노즐에서 실을 끌기 쉬운 재료에 대해서는 실을 끌지 않도록 성형조건의 조정과 사용노즐의 구조 선택에 의해 해결을 해야 하지만 그래도 실을 끌 경우 정기적으로 P/L면을 청소할 필요가 있다.

② 형면의 세정

난연제가 들어있는 PPO나 POM 같은 재료의 성형에서 가스가 발생하는 것은 P/L면과 가스벤트(gas-vent)뿐만 아니라 제품 면에도 고화물이 부착되어 성형성과 품질을 저하시킨다. 이와 같은 경우 정기적으로 금형을 세정하는 것이 필요하다. POM에 있어서는 수 시간마다 세정을 하지 않으면 안 된다. 세정방법은 스프레이식 세정제나 액상 세정제를 형에 뿌리고 형 면을 부드러운 천으로 닦아낸다. 형 내부의 가스벤트와 분할코어 사이가 막혀있는 경우 형면에 세정제를 뿌리고 그대로 형을 체결하여 사출하면 재료의 사출압력에 의해 더러워진 것이 없어지는 것도 있다.

③ 금형 습동부의 윤활

가이드핀과 가이드핀 부시, 서포트핀 부시, 슬라이드코어와 경사핀, 슬라이드 레일면 등에 긁힘이 발생하면, 형의 동작이 불안정하게 되어 결국에는 형을 파손해 버린다. 이를 방지하기 위해 윤활제를 도포할 필요가 있다. 윤활제 사용시에는 필요한 개소에 적당한 양을 도포한다. 지나치게 양이 많으면 형 개폐시 윤활제가 튀어 성형품의 품질이 저하된다.

④ 금형교환시 이젝트 부품의 상태 확인

성형에 의한 금형의 온도상승과 형의 개폐, 이젝트 작동에 의해 형에 체결된 볼트, 인장 링크볼트, 서포트핀의 스토퍼볼트 등이 느슨해지므로 금형 교환 후 작업 전에 이젝트 부품의 외관상태 및 작동시 발생되는 소리를 점검해서 문제가 감지되면 체결 볼트를 재조임할 필요가 있다.

⑤ 노즐터치(Nozzle touch)면의 체크

노즐터치의 반복작동을 사용해 성형할 때 노즐에서 새어나온 수지, 실처럼 끌린 수지가 터치면을 손상시키는 일이 있다. 또, 막힌 스프루를 빼기 위해 스프루 구멍을 해머로 치는 일이 있는데, 이것은 노즐터치 구멍 주위를 못쓰게 해 버리고 언더컷을 만들게 된다. 이런 문제의 방지를 위해 정기적인 체크와 보수가 필요하다.

⑥ 누수 체크

니플 및 커플러의 경우 결합부의 누수를 체크한다. 니플을 일단 푼 경우 다시 조정할 때에는 반드시 새로운 나사 테이퍼를 사용한다. 장기간 사용한 금형은 금형에 조립되어 있는 O-ring, 패킹류가 열화에 의해 실(seal) 역할을 다하지 못해 누수가 발생한다.

⑦ 난연성재료의 특별관리

난연성재료를 성형하면 부식성 가스가 발생한다. 따라서 일상적인 성형작업에 있어서 휴지 및 종료할 때 반드시 형을 세정해 두지 않으면 안 된다. 또, 사출실린더 안의 난연성재료도 같은 계의 보통 재료로 치환한 후 수 차례 사출 성형하는 것이 좋다. 만약, 사출 실린더 내에 난연성재료를 그대로 방치해 두면 재료가 분해돼서 가스가 발생하게 되고, 성형기뿐만 아니라 다른 형과 설비까지 부식시킨다.

⑧ 방청

금형에 냉각수를 통과시킨 채로 성형을 중단하면 형 표면에 이슬 맺힘이 생겨 금형을 녹슬게 한다. 특히 냉동기를 사용하면 심하게 된다. 성형을 중단할 때는 반드시 냉각수를 멈추게 하고, 금형 표면의 수분을 닦아내야 한다. 또한 성형을 휴지할 때 반드시 방청제를 도포해 두어야 한다. 성형을 종료한 경우에도 당연히 형을 방청하여야 한다. 금형의 틈새에 들어 있는 방청제가 형온의 상승과 사출시의 휨변형 때문에 스며나올 수 있기 때문에 주의가 필요하다. 금형을 장시간 사용하지 않는 경우에는 유성의 방청제를 충분히 금형의 내·외면에 같이 도포한다. 또 노즐구멍은 테이퍼 등으로 밀봉한다. 곧 다시 사용할 금형에 대해서는 휘발성 방청제 분말을 사용하면 성형을 재개할 때 방청제가 바로 없어져 편리하다.

특히, 장기간 사용하지 않는 금형에 대해서는 형 면을 청소하지 않고 그리스를 바르면 형 면에 붙어 있는 더러운 이물질에 의해 녹이 발생하므로 주의가 필요하다. 성형을 종료할 때에는 반드시 냉각회로 내부의 물을 빼내야 한다. 물을 빼낸 후 공기를 통과시켜 내부의 수분을 완전히 제거하는 것이 필요하다.

⑨ O-ring 교환

냉각수 홀의 O-ring은 열화에 의해 실링효과가 없어지기 때문에 교환할 필요가 있다. 특히, 고온 성형에서 O링은 현저하게 열화한다. 형을 분해할 때에 O링은 반드시 교환하도록 한다. 조립된 상태의 금형에서는 다소 열화되어 있어도 실링효과가 있지만 분해를 위해 일단 O링을 빼내면 실링효과가 저하하므로 교환해야 한다.

⑩ 패킹류의 교환

공압, 유압 실린더 등의 패킹류도 고온성형에서는 현저하게 열화되기 때문에 교환할 필요가 있다.

⑪ 볼트류의 재조임

형의 조립, 체결볼트(이젝트 판 체결 볼트, 분할 코어 판 체결 볼트, 러너 판-탑 볼트 등)의 재조임을 한다.

⑫ 냉각수 홀 청소

액체를 펌프로 순환해 녹을 제거하는 것도 가능하지만 종료 후 반드시 중화제를 통과시켜 두지 않으면 안 된다. 또, 냉각수 홀이 완전히 막혀버린 경우 형을 분해해 조립한 후 반드시 냉각수 홀에 수압을 가해 물이 새는 정도를 체크하는 것이 필요하다.

⑬ 히터류의 절연, 단선 테스트 실시

다수 개 있는 히터 가운데 2개 정도 단선되어도 연속성형이 가능하기 때문에 히터의 이상 유무를 사전에 알기 어렵다. 성형성 불량이나 품질의 저하가 발생되어 조사를 하고 나서야 히터류의 이상이 확인되는 경우가 많이 있다. 또, 장기간 사용하지 않았던 히터는 절연불량으로 누전 차단기가 작동하는 경우가 있다. 작업 전에 점검해 히터가 불량일 때는 상자형 건조기에 1～2시간 건조시키는 것도 좋다.

⑭ 아이볼트(Eye-bolt) 나사의 홀 체크

나사산의 뭉그러짐 등을 체크해야 하며, 동시에 실제 새 아이볼트를 넣어 확인한다. 안전작업상 중요한 것은 말할 필요도 없다.

⑮ 제품부의 M/T(Maintenance)

평상시에 성형품의 검사 데이터 이력을 체크해서 관리 한계에 가까워졌다면 형의 정비·보수를 한다. 금형에서의 체크도 해야 하지만 반드시 그것만으로 성형품의 정도가 체크되는 것이 아니기 때문에 성형품을 중심으로 확인해야 한다. 특히, 유리섬유가 들어 있는 성형품, 부식이 있는 외관품에 대해서는 체크가 필요하다.

⑯ 형 분해 및 조립시 주의

금형을 장기간 사용하면 금형에 다소의 휨변형이 발생되는 것은 어쩔 수 없다. 그러나 금형의 구조를 바로 잡으면 생각하지 못한 버(burr)와 긁힘이 나타나는 경우가 있다. 금형을 분해 조립할 때 이 점에 주의가 필요하다.

금형 유지관리를 위한 점검은 일상점검(작업 전 매회 실시)과 정기정검(6월/1회)으로 나누어 실시한다. 다음은 사출 금형의 유지 관리를 위한 체크 포인트이다.

① 일상 점검 항목
  • 금형 파팅라인 찍힘 및 파손 상태 확인
  • 금형 상원판 가스자국 및 세척 확인
  • 금형 작동핀, 코어류에 작동유(그리스) 상태 확인
  • V/GATE 전원 및 작동 상태 확인
  • 냉각수 누수 및 밀판 작동 상태 확인
  • 성형부 CAVITY EMBO 훼손 상태 확인
  • 각종 S/W류 작동 상태 확인(리미터 스위치, 가스 스프링 등)

② 정기 점검 항목
  • 각종 작동 코어 부품 교환(S/CORE, 경사 CORE류)
  • 각종 핀류 파손 및 휨, 크랙 발생품 교환
  • 금형 캐비티부 가스세척
  • 냉각수 홀 청소(냉각수 부품 니플 점검 및 교환)

- 핫러너(히터류)의 절연, 단선 확인
- 금형 상·하 전체 습합 상태 확인
- 금형 전체 작동 상태 확인

4 금형의 표준화

금형의 표준화에는 금형 제작상의 표준화와 금형 사용상의 표준화가 있다. 표준화의 최종 목적은 설계·제작·보수 및 금형을 사용하는 가공작업에 있어서, 최소의 투자와 노력으로 최대의 효과를 올리는데 있다.

(1) 금형 제작상의 표준화

금형 제작에서의 표준화는 먼저 설계의 표준화로서 금형 구조의 표준화와 금형 부품의 표준화가 있다. 구조 측면에서 기본 다이를 미리 분류 설계해 두고 신제품 설계 때에 유사한 것은 그 다이에 적용시켜, 구상도에 요하는 시간을 단축한다.

금형 구조의 표준화에는 각 기업의 고유 기술이 접목되고 그 기업의 오랜 기술의 축척에 의해서 정해진다. 그리고 표준화된 구조 활용은 금형 사용자의 설비, 기술 및 사용 조건 등을 고려해서 결정된다.

또, 설계할 때 금형에 내장되는 부품을 KS규격 등 가능한 한 시판품으로 조달이 용이한 것을 사용하면, 계획적인 부품의 공급도 가능하게 된다. 시판되지 않는 것도 상시 필요로 하는 부품은 사내 구격에 의해서 표준화해 둔다.

금형부품의 표준화는 단지 납기의 단축이나 다이 코스트의 절감이라는 것뿐만 아니라 금형의 CAD/CAM을 효율적으로 실시하기 위해 불가결한 요소이다.

금형을 제작하기 위한 가공법의 표준화는 설비 기계와 가공 기술 및 협력 공장의 기술 수준 등을 감안해서 정한다. 사내적으로는 작업 표준을 규정함으로써 가공 시간의 설정도 용이하게 되고, 표준 작업을 반복 수행하게 되어 가공 시간의 단축도 꾀할 수 있다. 게다가, 금형의 안정적인 품질을 보증할 수 있게 된다.

(2) 금형 사용상의 표준화

금형은 사용상의 측면에서는 안정성이 높고 준비 혹은 금형 변화를 단시간에 할 수 있으며, 작업성이 좋고, 품질이 균일한 제품이 얻어지는 것이 요구된다. 금형을 표준화함으로써 QDC(퀵다이체인지) 시스템화도 용이하게 된다.

또, 금형을 사용할 때의 표준 작업을 규정하는 작업 표준에는 금형 취급상의 안정성을 충분히 고려한 작업 순서 및 목표의 작업 시간을 나타낸다.

KS규격에는 금형의 형식, 금형의 설계 및 제작과 관련된 제반 사항들이 규격으로 정해져 있으므로 이를 활용하면 금형 표준화에 여러 가지로 도움이 될 수 있다.

찾아보기

【한글】

저자와 협의
인지 생략

기초 금형기술

2020년 2월 3일 제1판 제1인쇄
2020년 2월 10일 제1판 제1발행

공저자 이성철 · 강학의 · 송 건
발행인 나 영 찬

발행처 **기전연구사** ─────────

서울특별시 동대문구 신설동 104의 29
전 화 : 2235-0791/2238-7744/2234-9703
FAX : 2252-4559
등 록 : 1974. 5. 13. 제5-12호

정가 18,000원